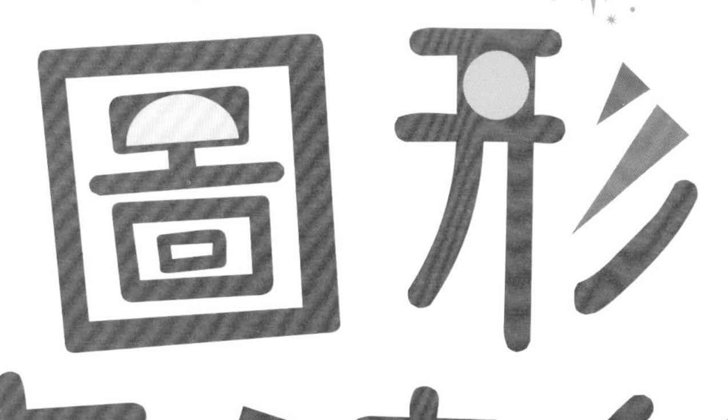

圖形魔法師

從8個幾何圖形畫出千變萬化的圖畫！

羅莎・柯托 著/繪

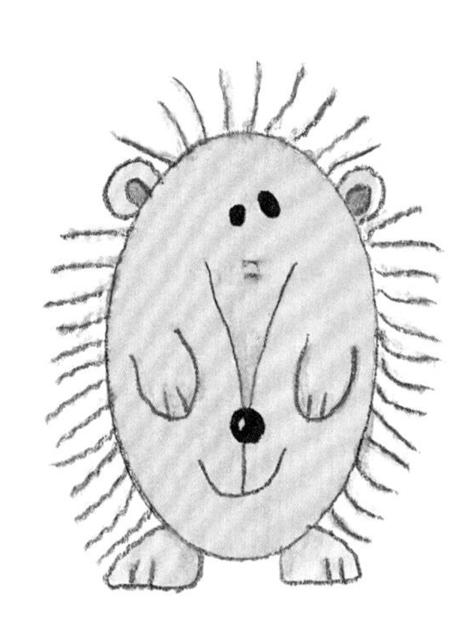

新雅文化事業有限公司
www.sunya.com.hk

目錄

加上創意
從8個幾何圖形畫出千變萬化的圖畫

圖形翻轉和旋轉

你可以把圖形從不同的方向繪畫。只要將圖形翻轉或旋轉，就可變化出更多圖畫啦！

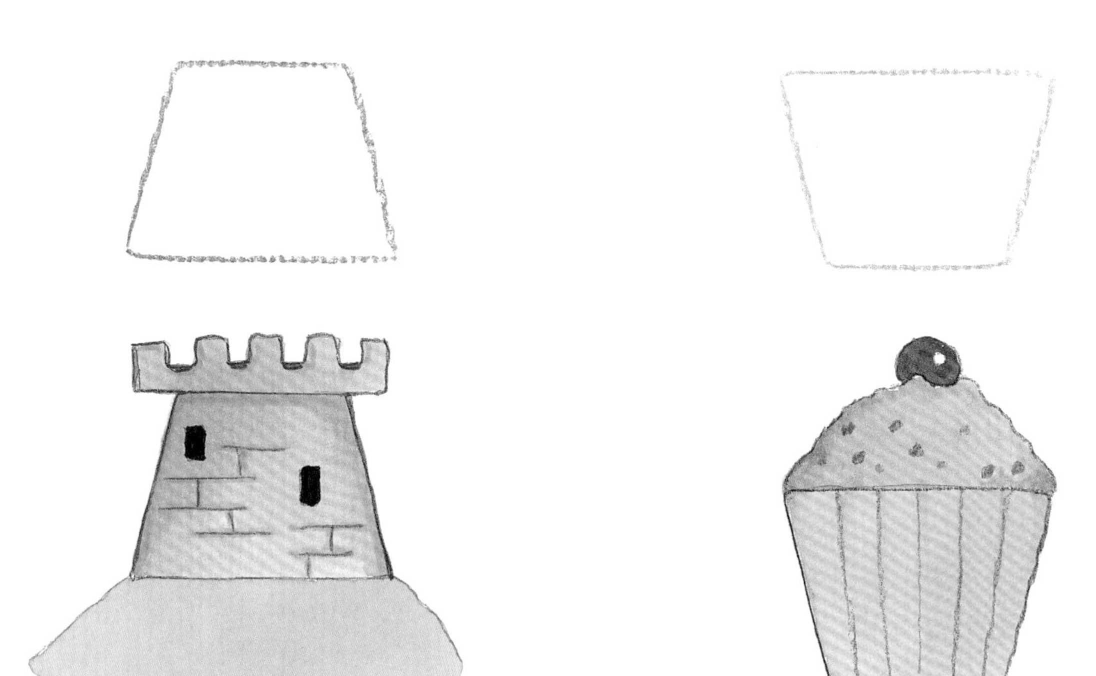

旋轉四分之一圈！

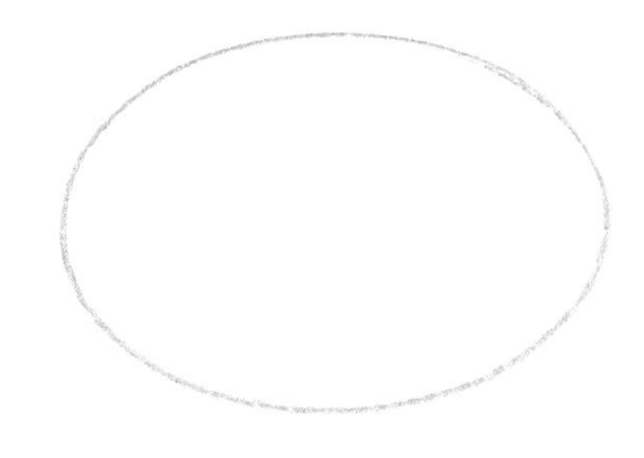

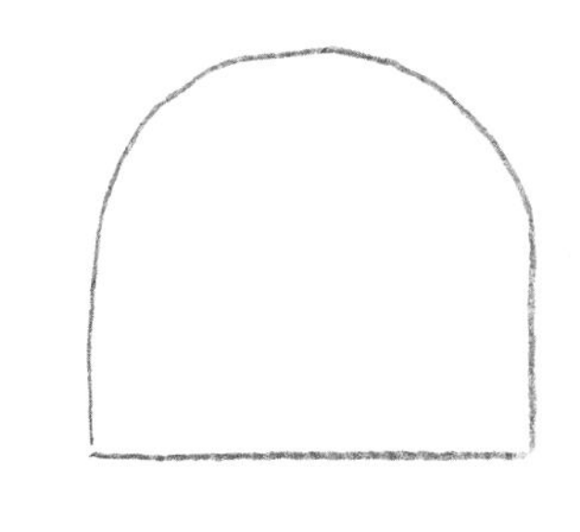

半圓形

圖形小檔案
半圓形是將圓形平均分成一半。

一片西瓜

1

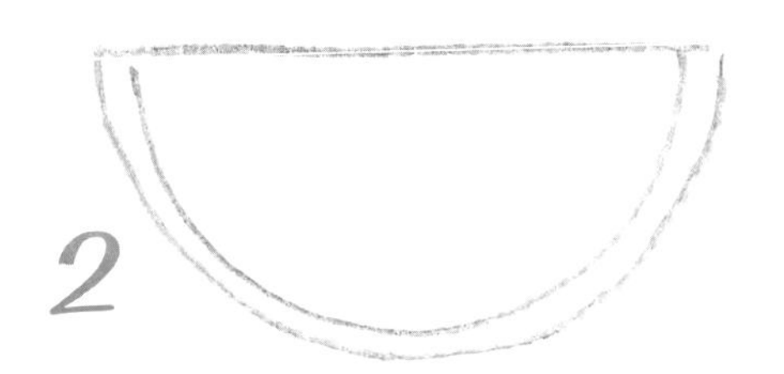
2

3

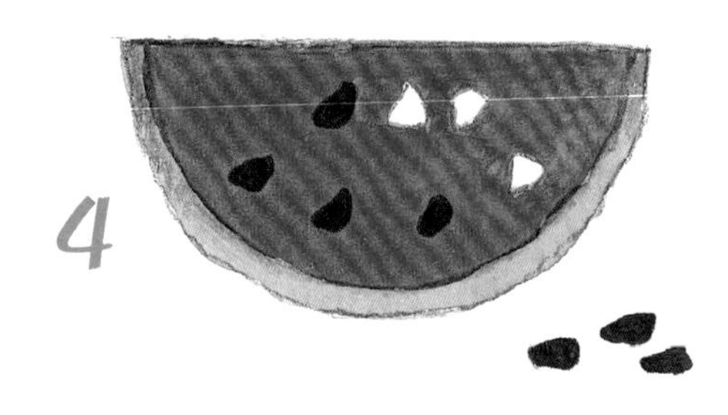
4

船

1

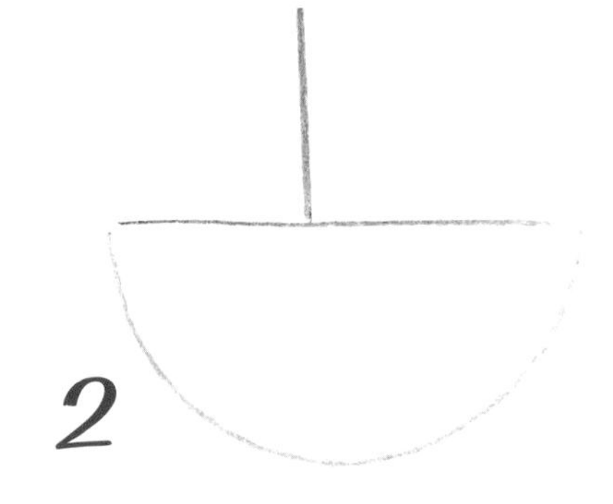
2

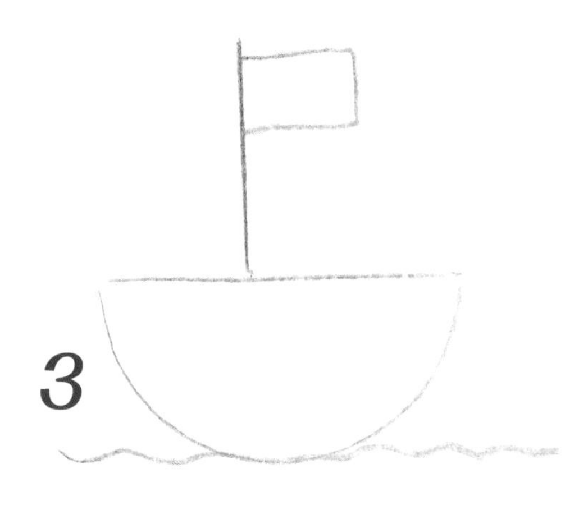
3

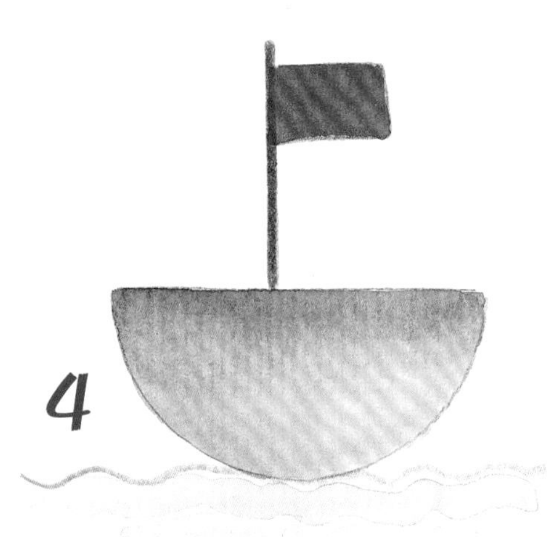
4

咖啡杯

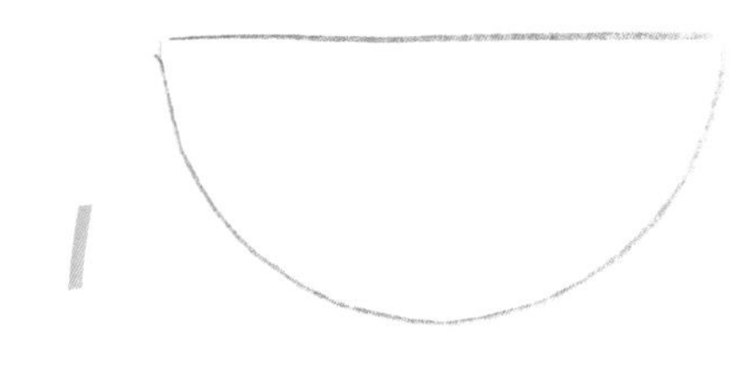

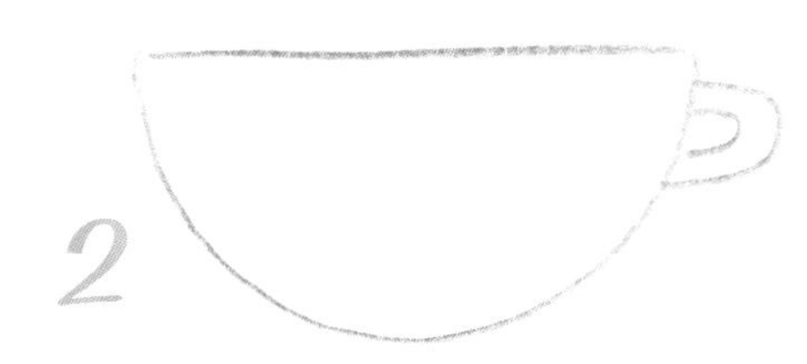

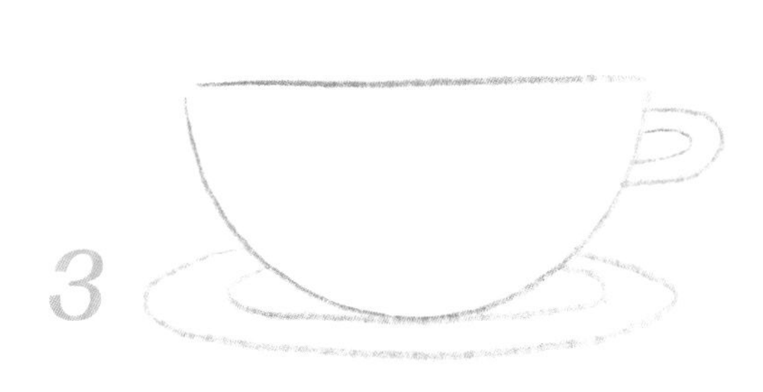

上下翻轉又會變成
什麼呢？

女孩的帽子

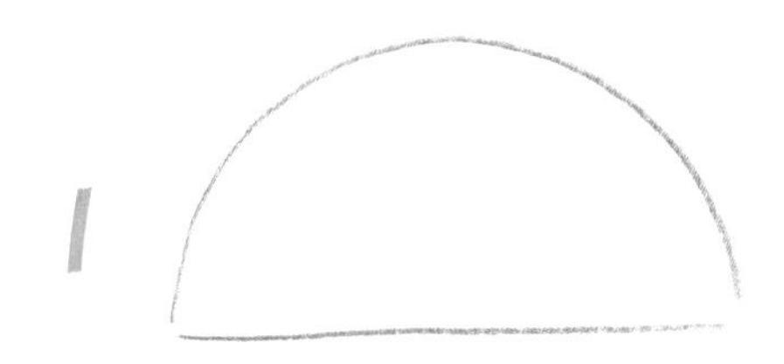

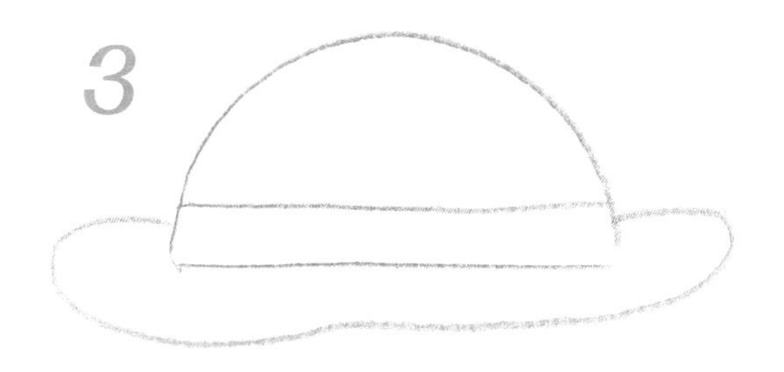

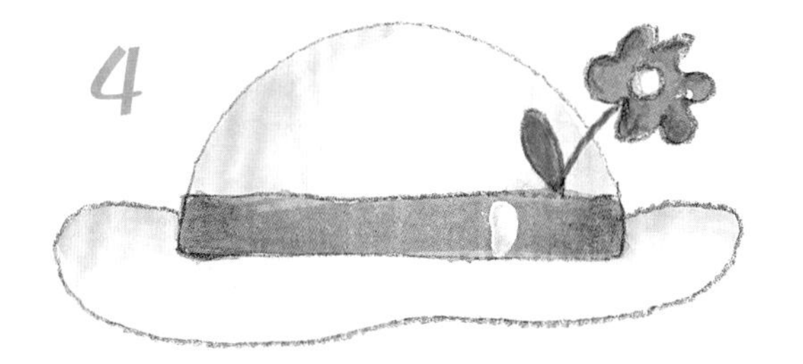

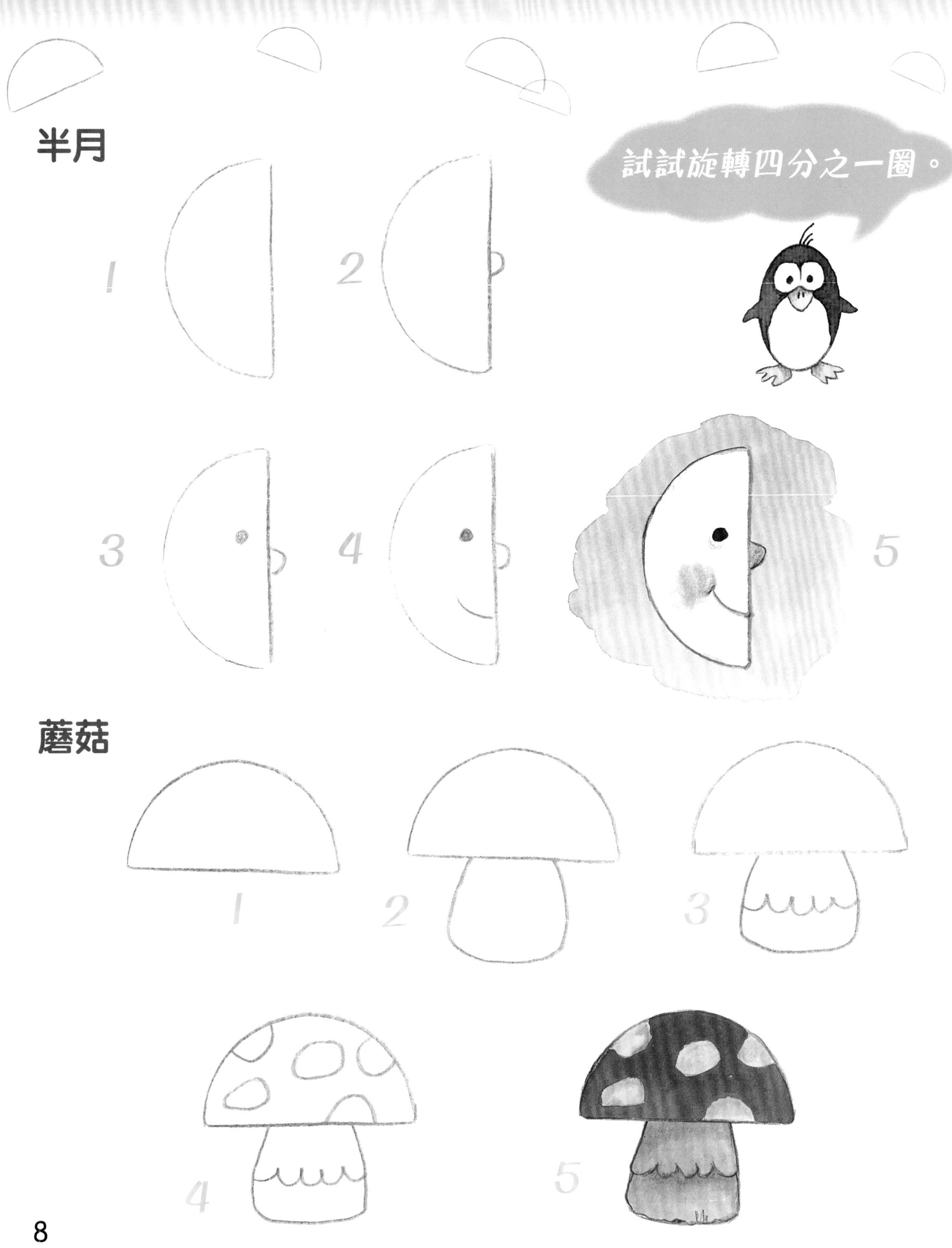
半月
試試旋轉四分之一圈。
1
2
3
4
5
蘑菇
1
2
3
4
5

花

一片檸檬

一籃水果

現在，用6個步驟繪畫更多物件吧！

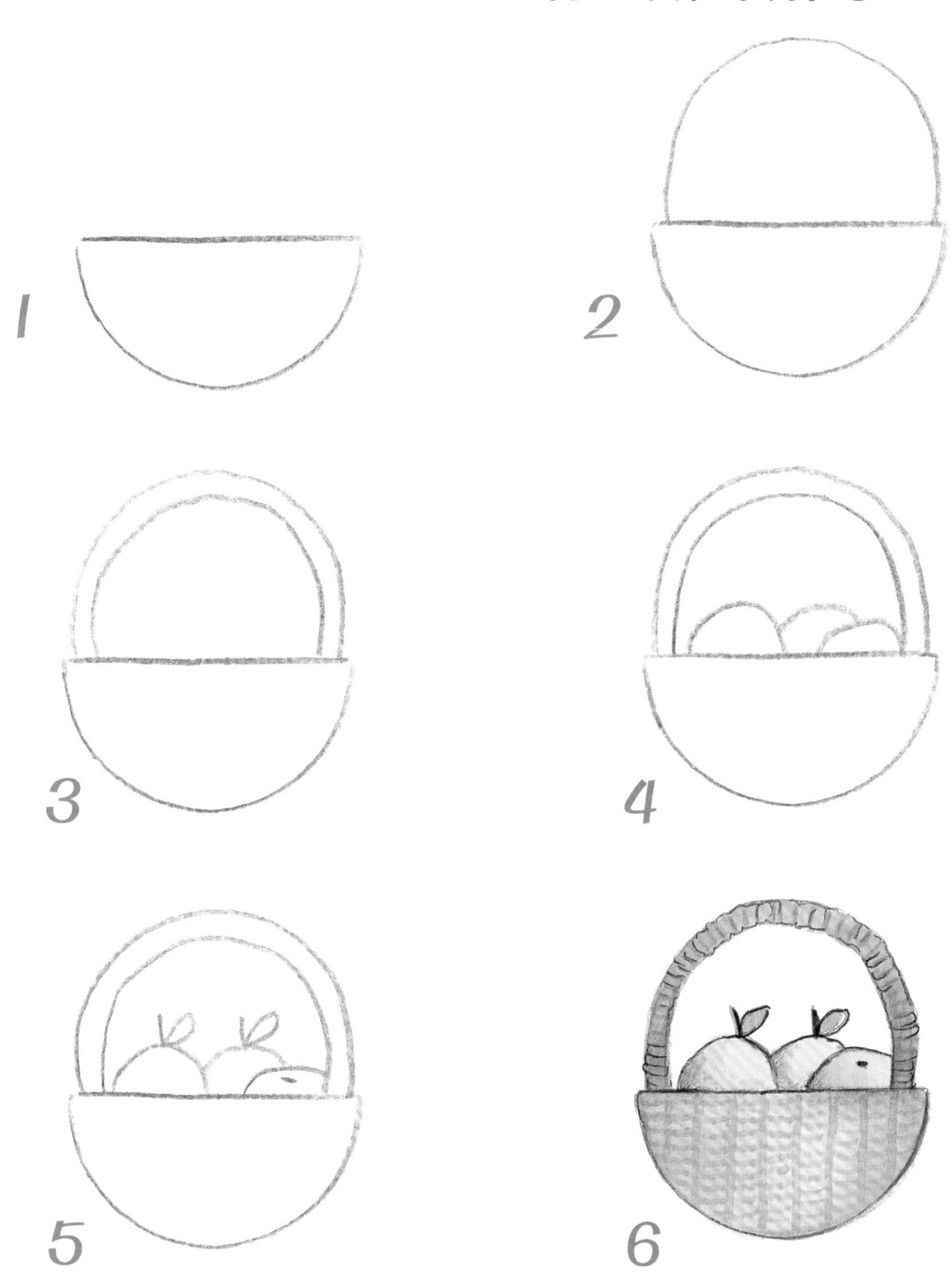

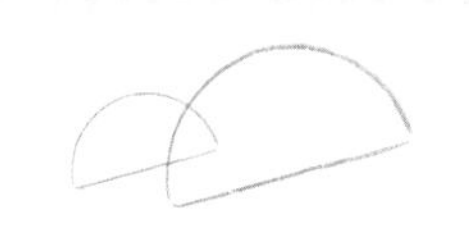

瓢蟲

把半圓形翻轉，畫畫看！

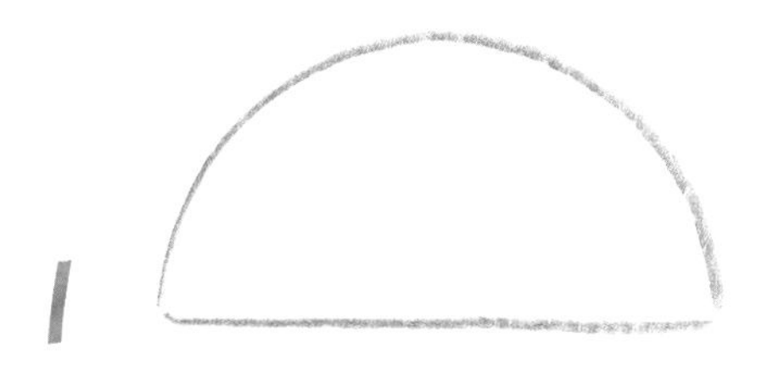

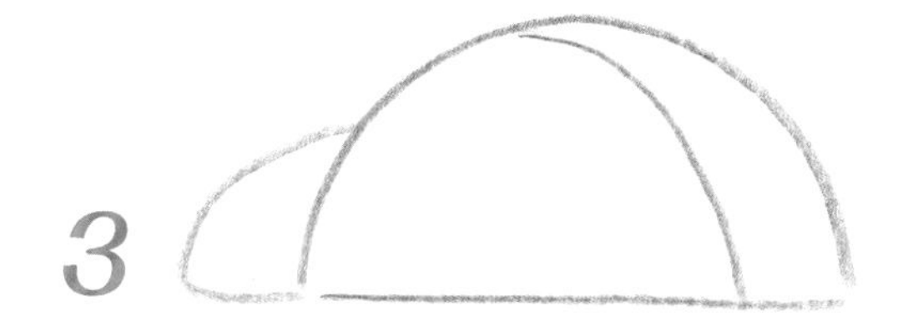

要畫出瓢蟲的兩片翅膀外殼，就要在牠的身體上畫一條曲線。你還知道所有的昆蟲都有六隻腳，對嗎？

枱燈

我們繼續吧！用7個步驟來繪畫。

鯨魚

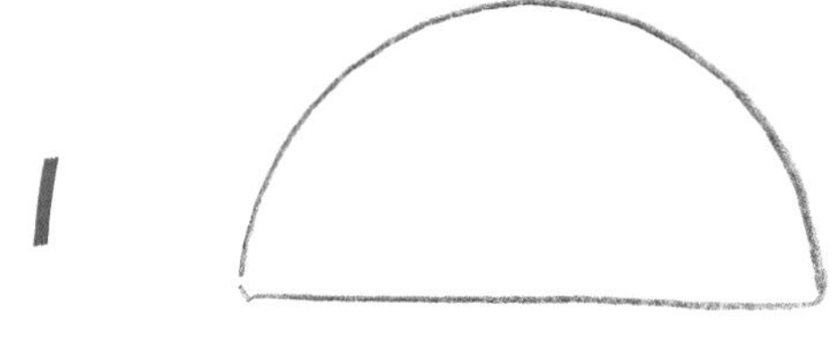
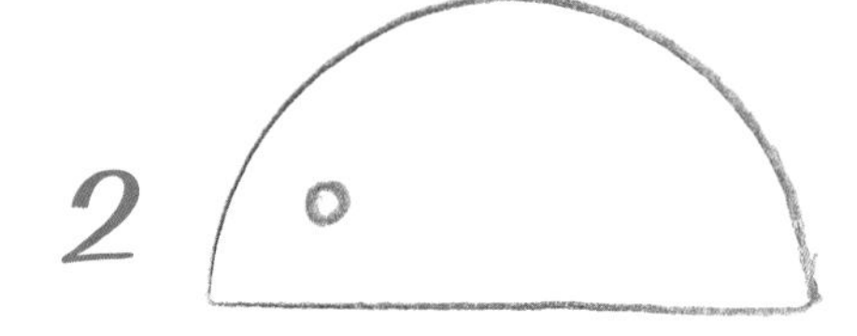

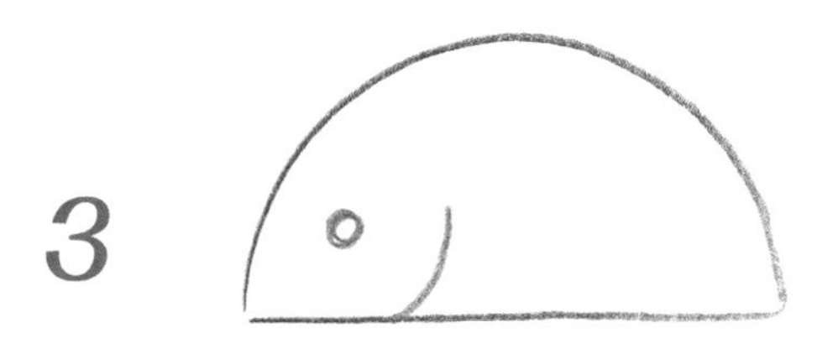
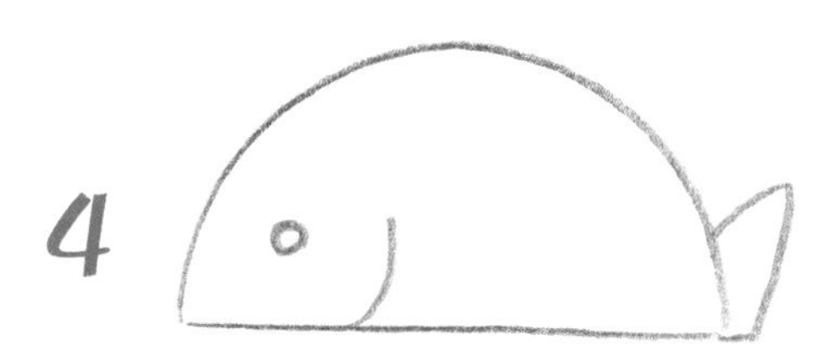

如果你想鯨魚看起來像在水中，就在牠
身體下方加上一些彎曲的線條吧。

雞

我們可以用8個步驟繪畫嗎？

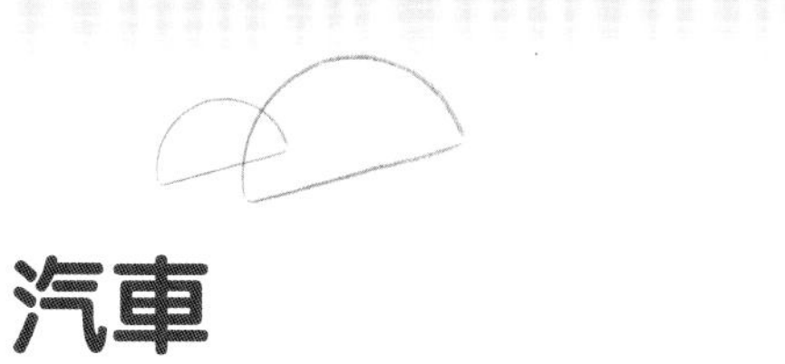

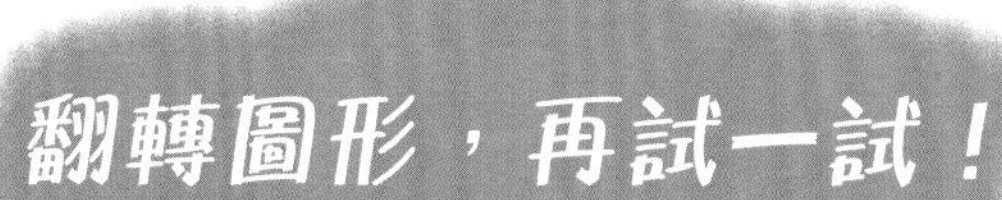

汽車

翻轉圖形，再試一試！

1

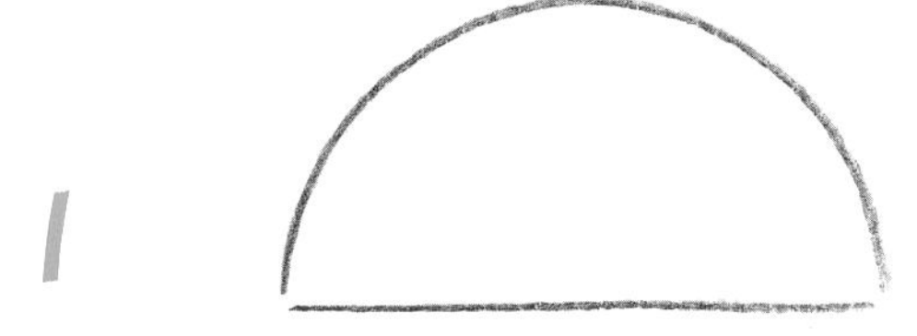

2

3

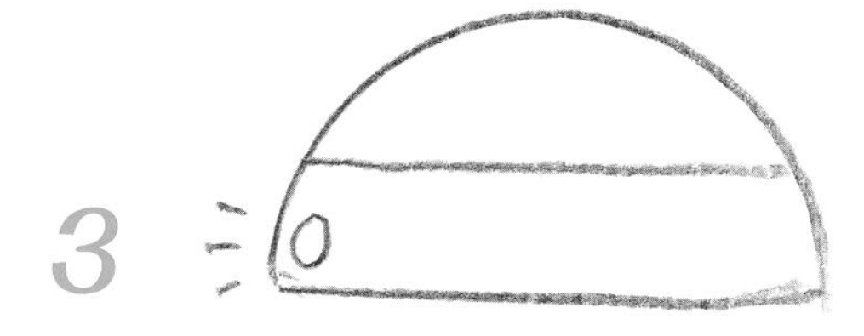

4

5

6

7

8

圓形小檔案

圓形是由中心點以相同長度圍繞一圈所形成的。

櫻桃

1 2 3 4

聖誕裝飾

1 2 3 4

氣球

蘋果

太陽花

1 2 3 4

大自然裏有很多圓形。看看四周，
你會發現更多圓形呢！

橙

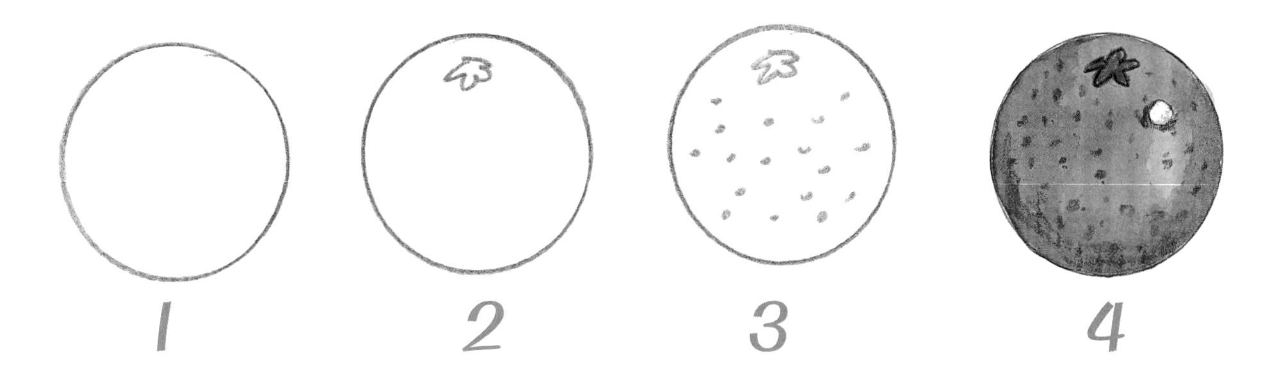

皮球

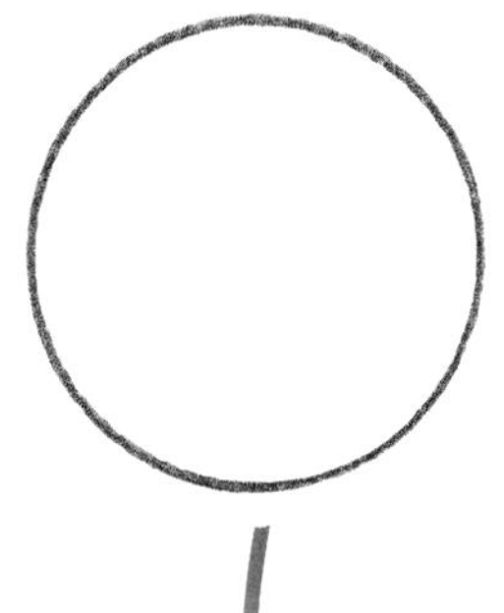

1

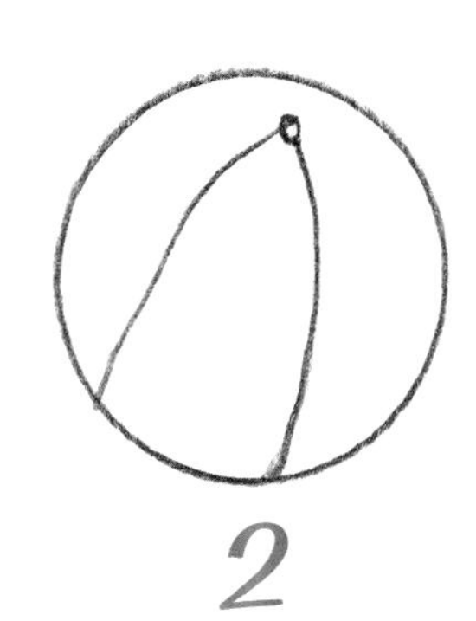

2

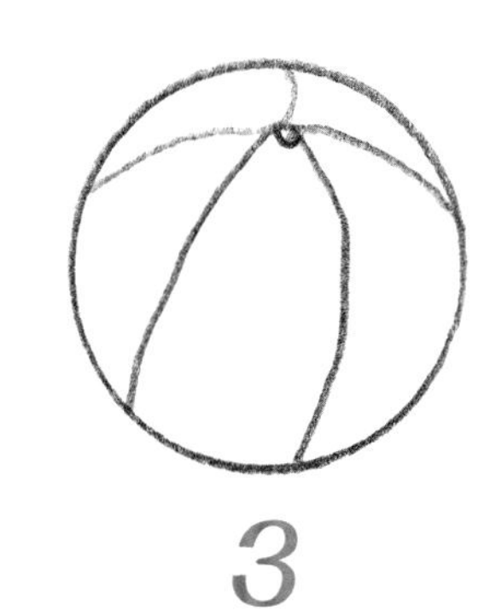

3

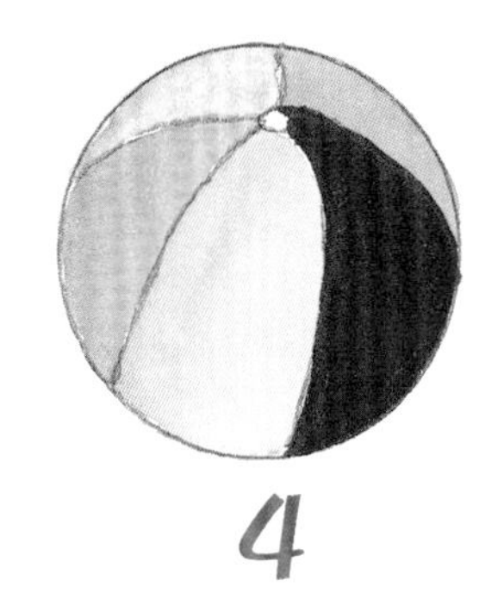

4

果樹

1

2

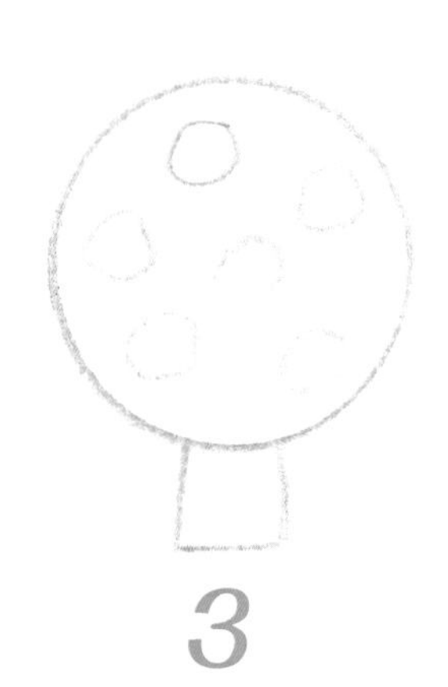

3

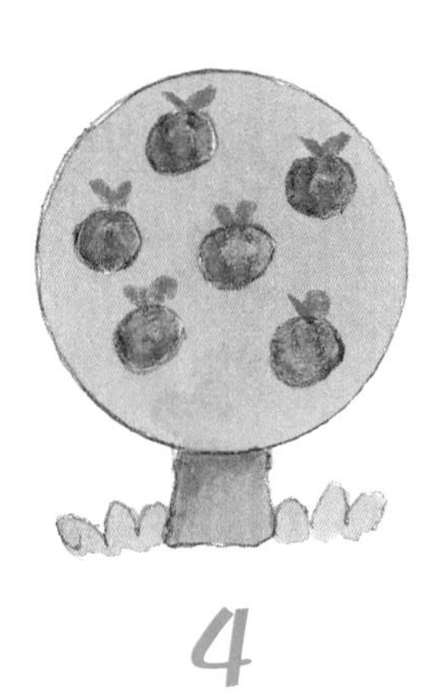

4

蜘蛛

1

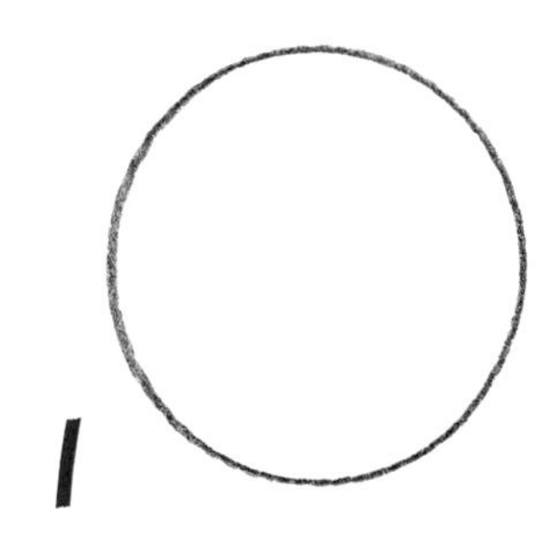

2

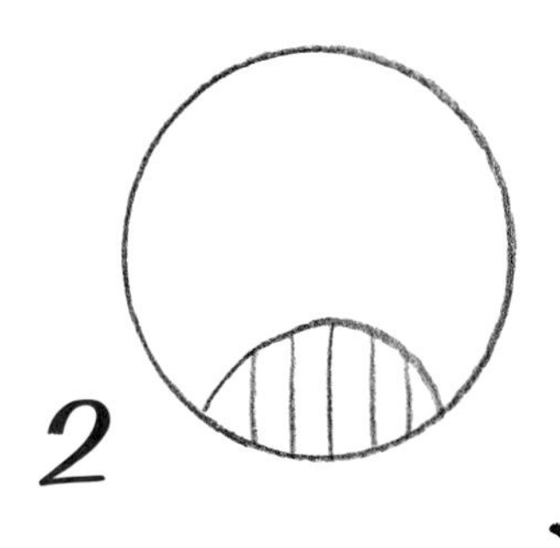

3

4

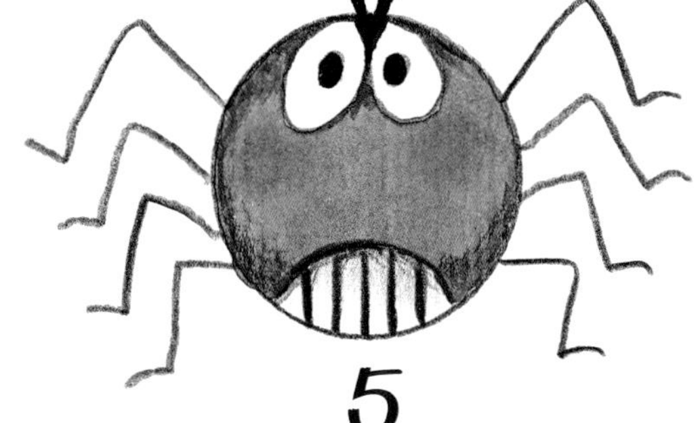

5

太陽

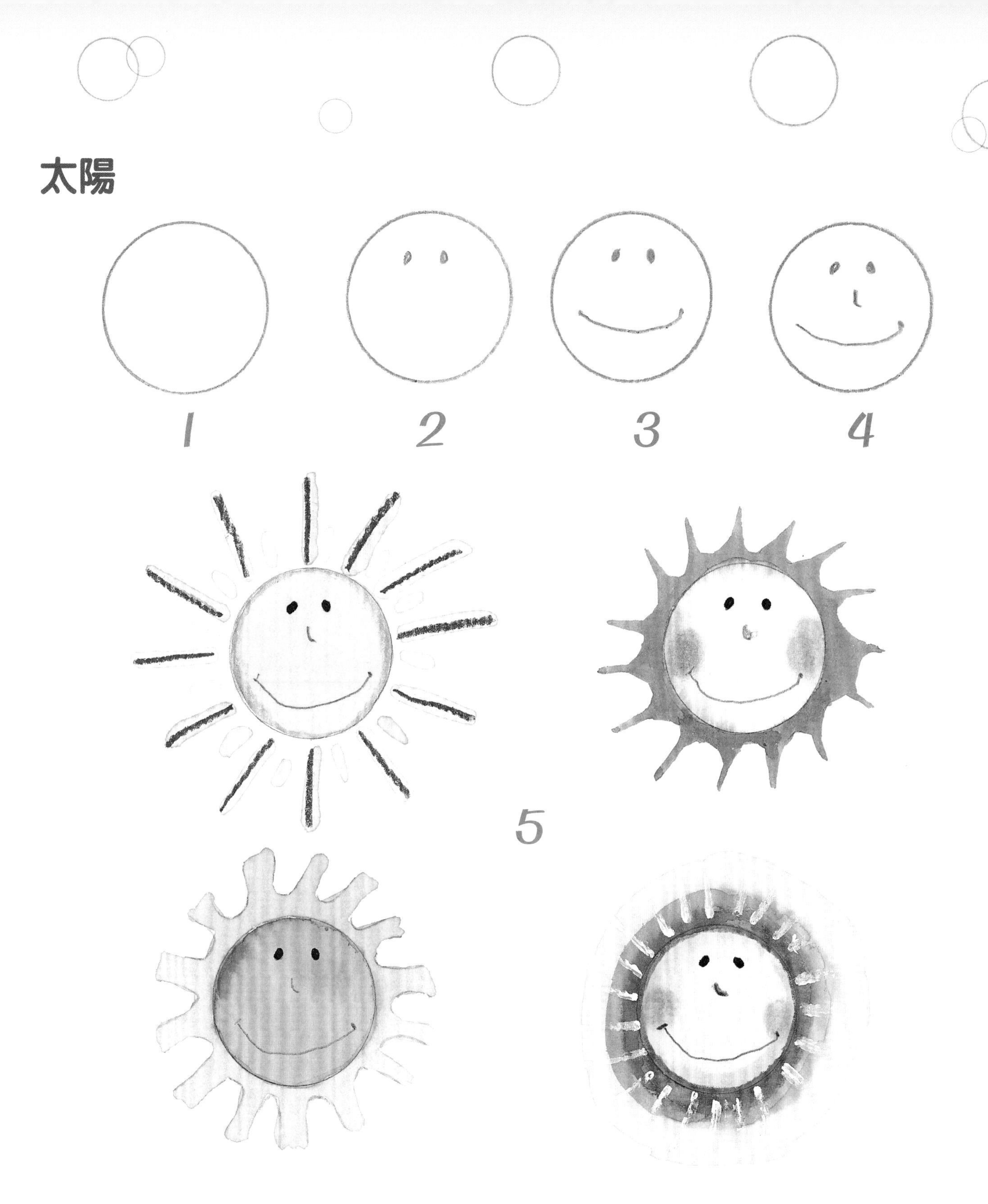

繪畫太陽的方式有多種，
試試再發明另一種方式吧！

你今天感覺怎麼樣？

快樂

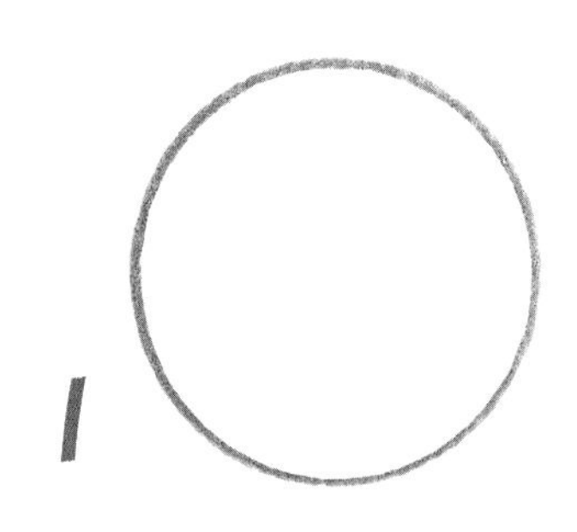

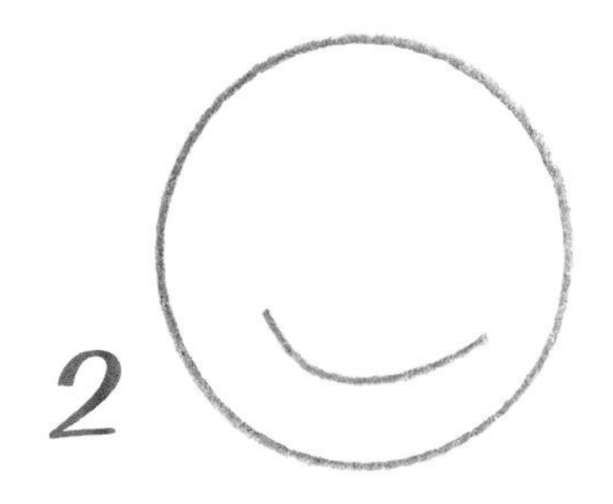

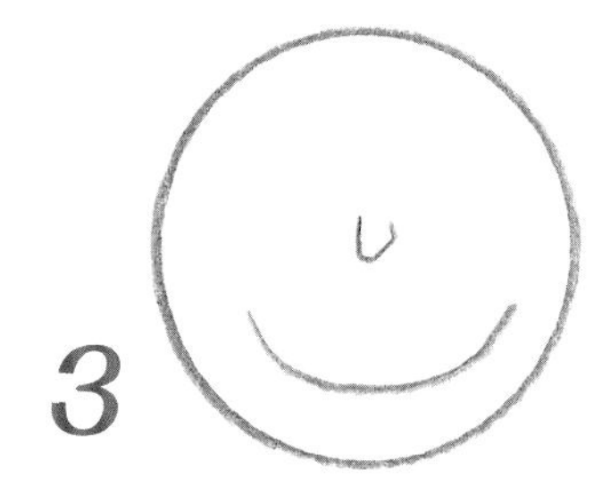

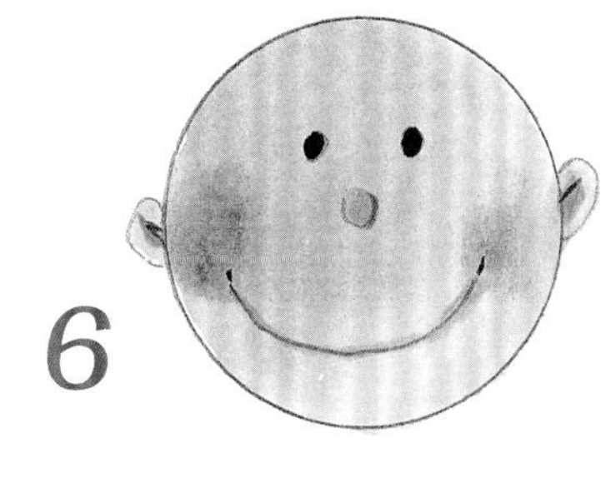

傷心

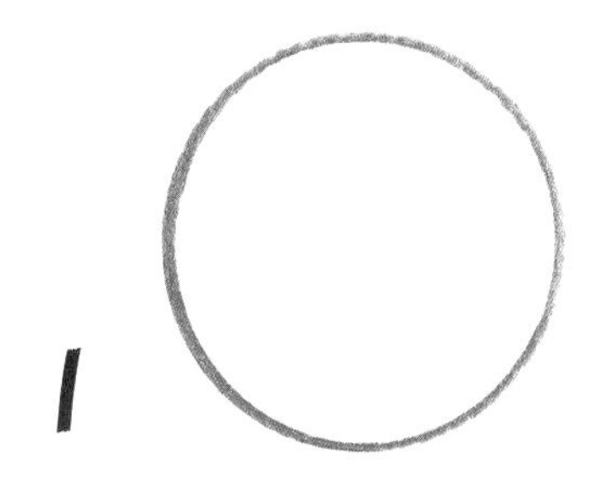

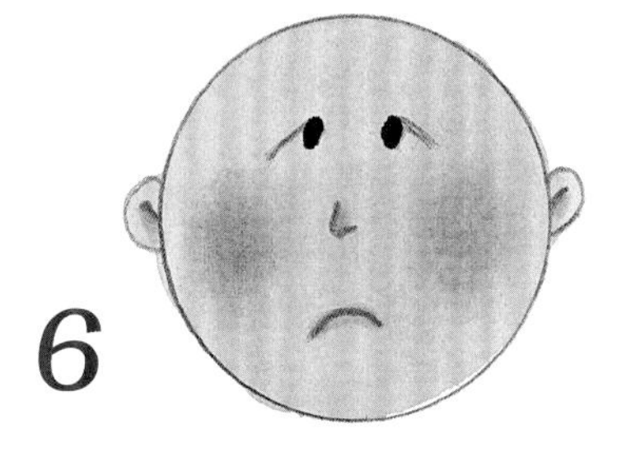

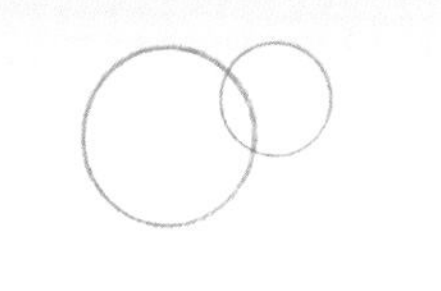

平靜

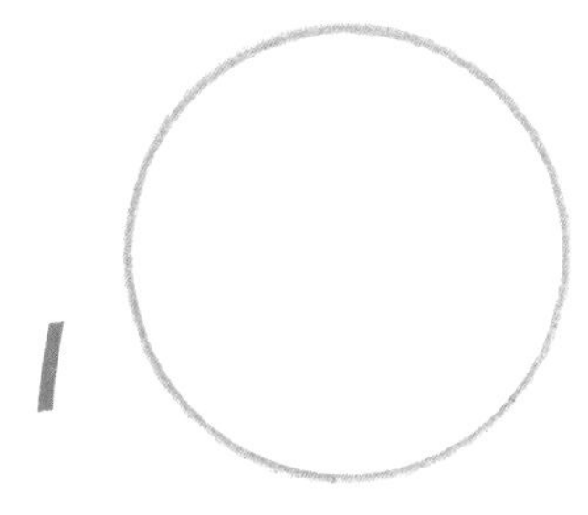

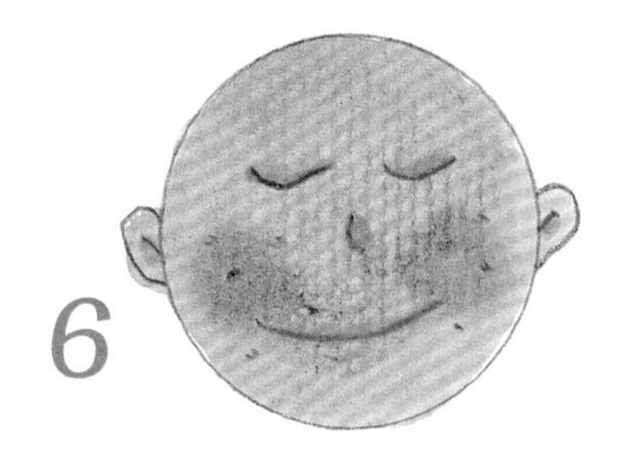

憤怒

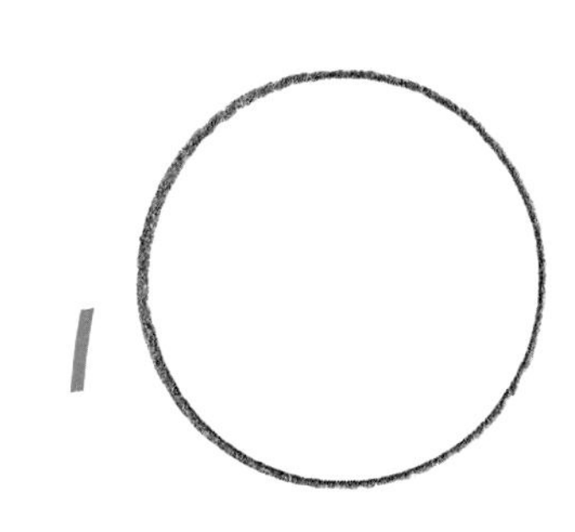

練習一下表達你的心情並不困難。試試吧！

有趣的臉

只需4個步驟即可繪畫！

1
2
3
4
1
2
3
4
1
2
3
4
1
2
3
4

很多圓圓的臉孔

哪一位最像你？

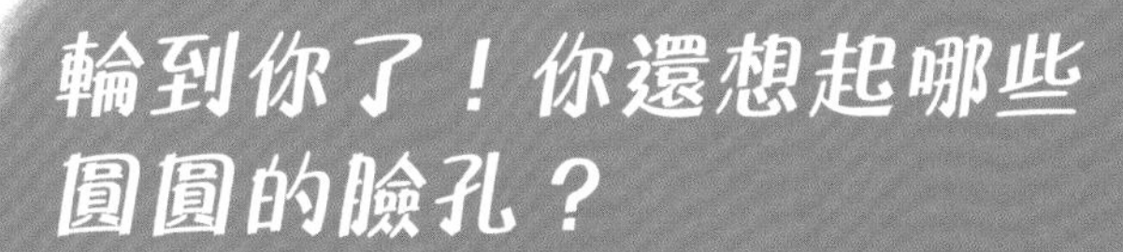

服飾為這些臉孔帶來不同的個性，嘗試加上不同的帽子、圍巾、眼鏡……

熱氣球

簡單，只需7個步驟即可繪畫！

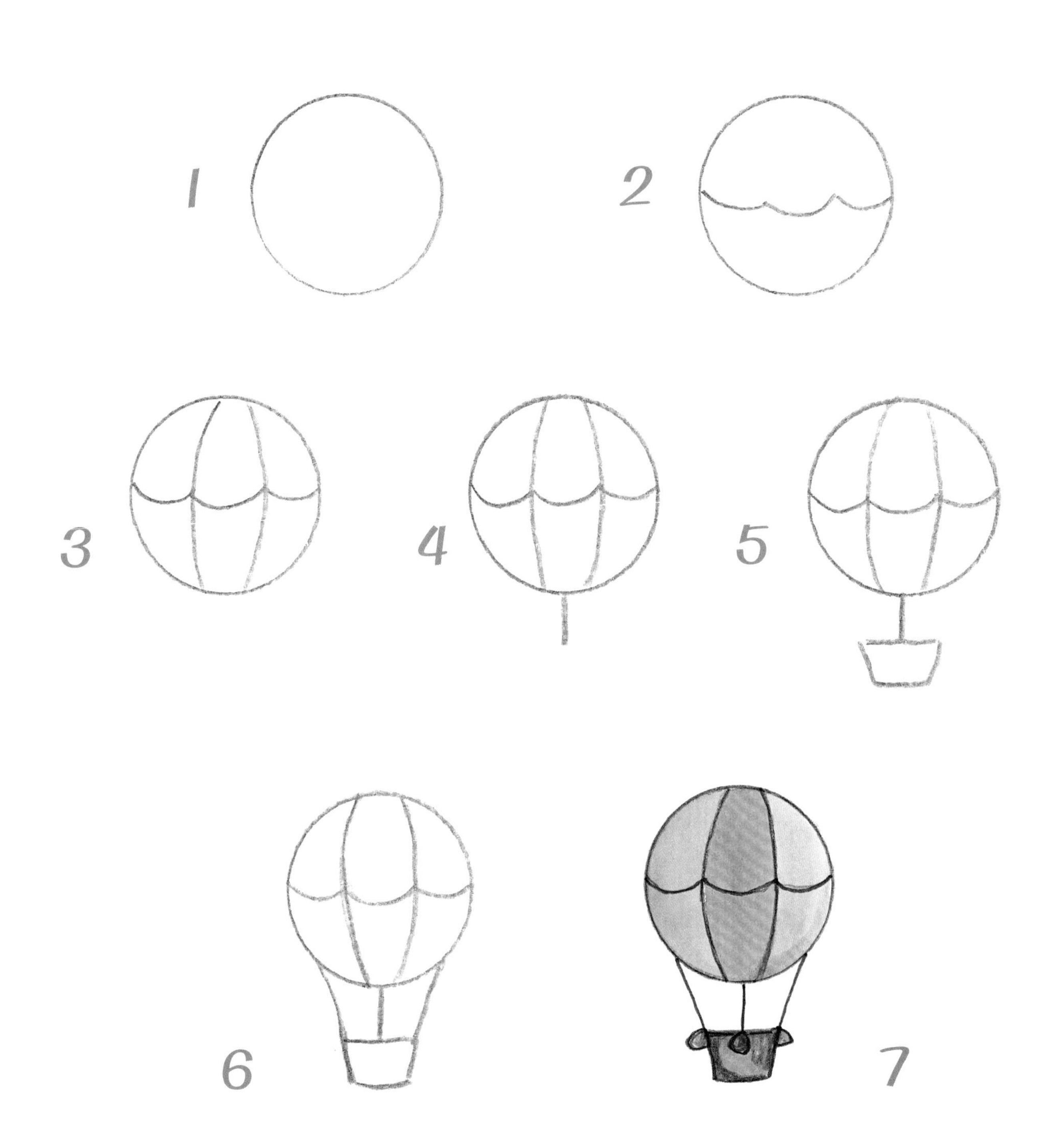

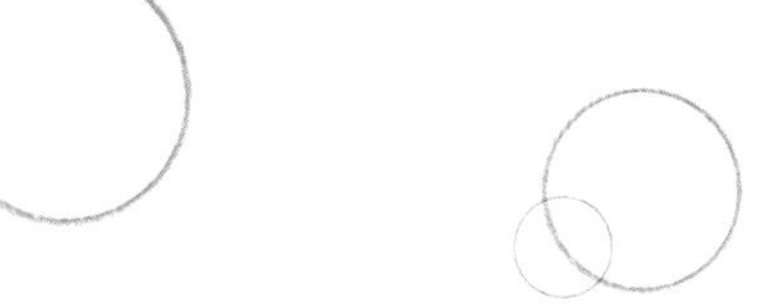

毛毛蟲

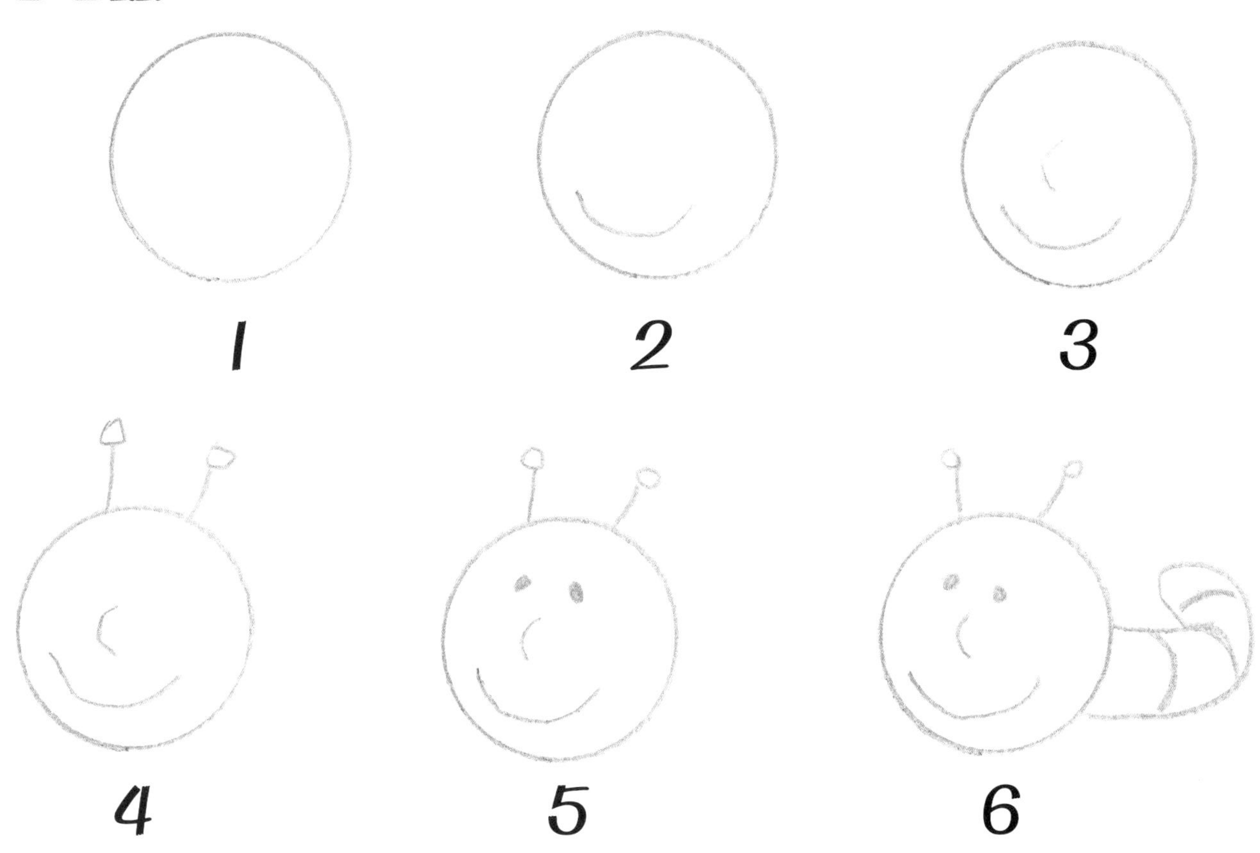

1

2

3

4

5

6

你在毛毛蟲身上看到了多少個圓形？
不要忘記數算牠的臉頰！

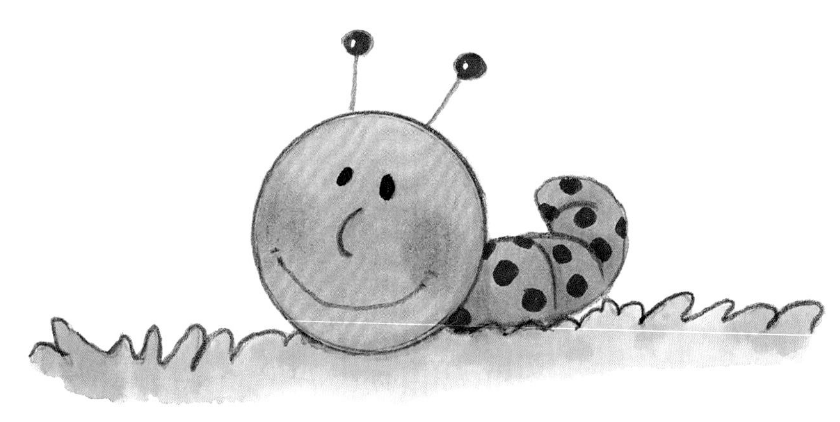

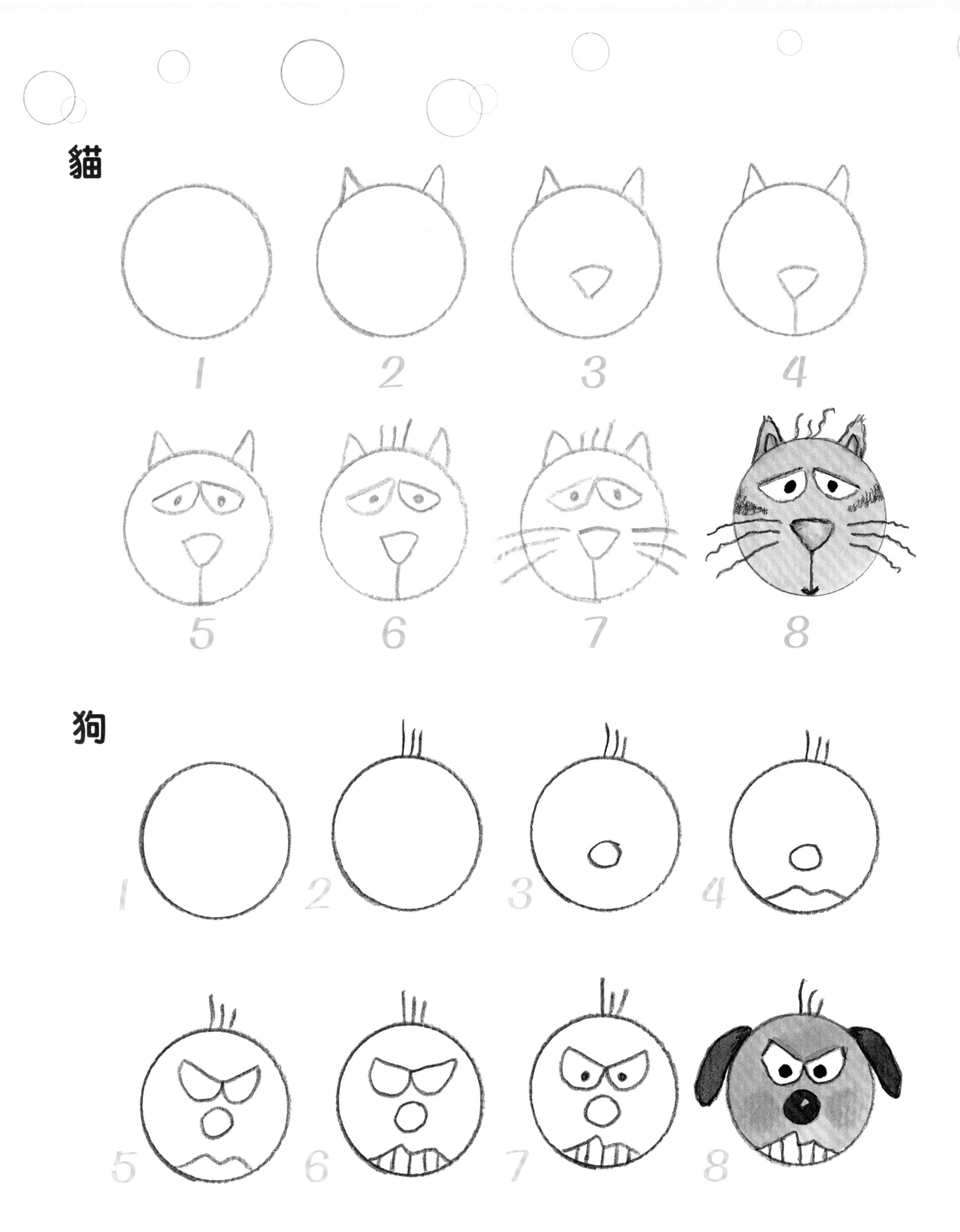
貓
1
2
3
4
5
6
7
8
狗
1
2
3
4
5
6
7
8

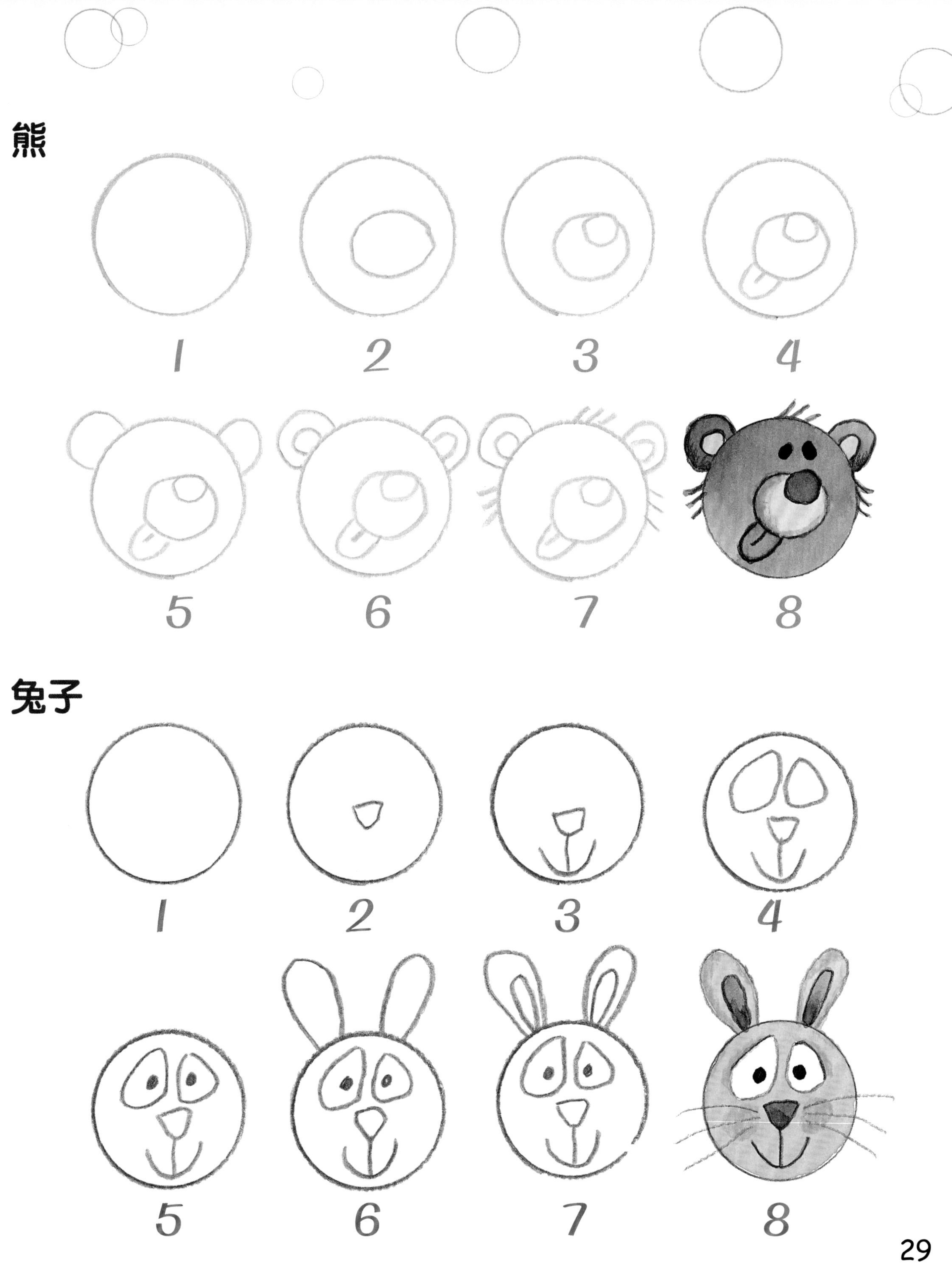
熊
1
2
3
4
5
6
7
8
兔子
1
2
3
4
5
6
7
8

樹枝上的鳥

還有更多動物……

1

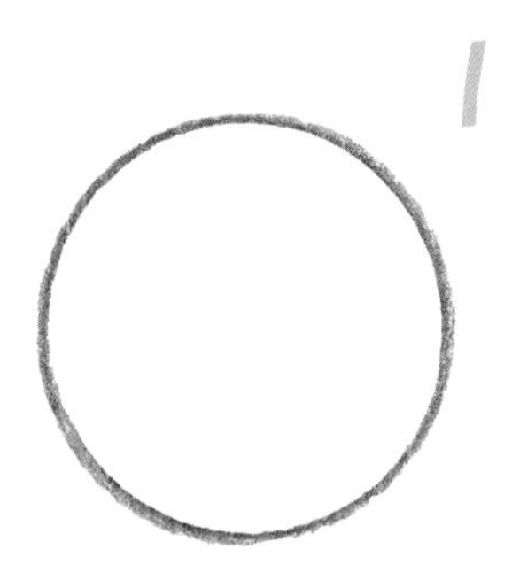

2

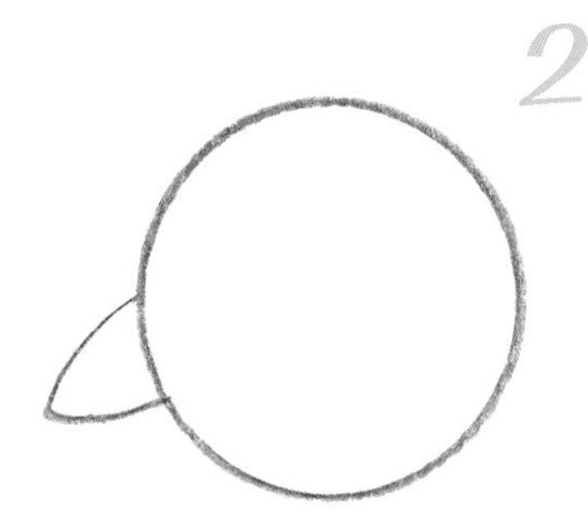

3

4

5

6

7

蝙蝠

現在，用8個步驟繪畫吧！

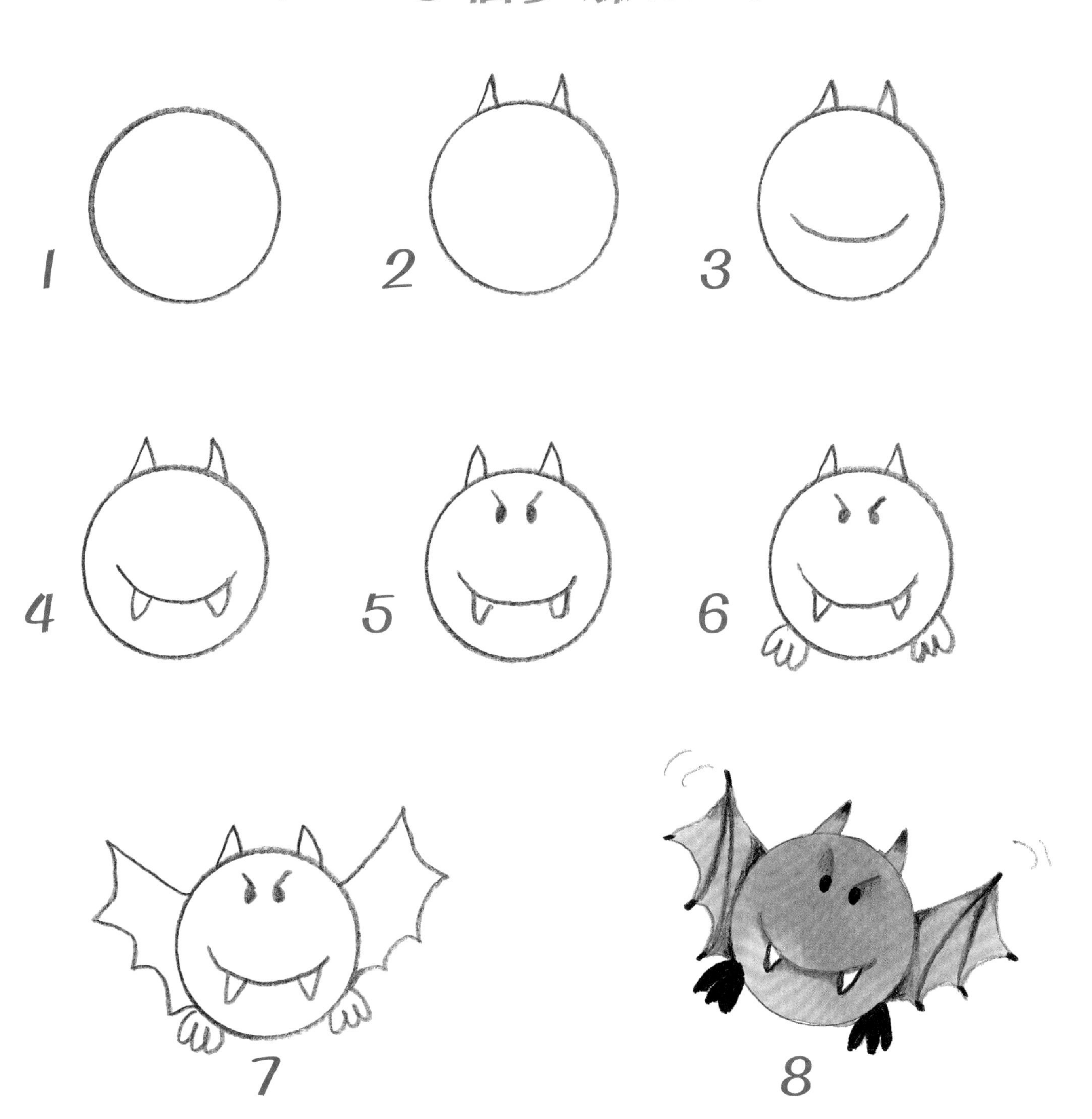

蝸牛

我們繼續吧！用9個步驟來繪畫。

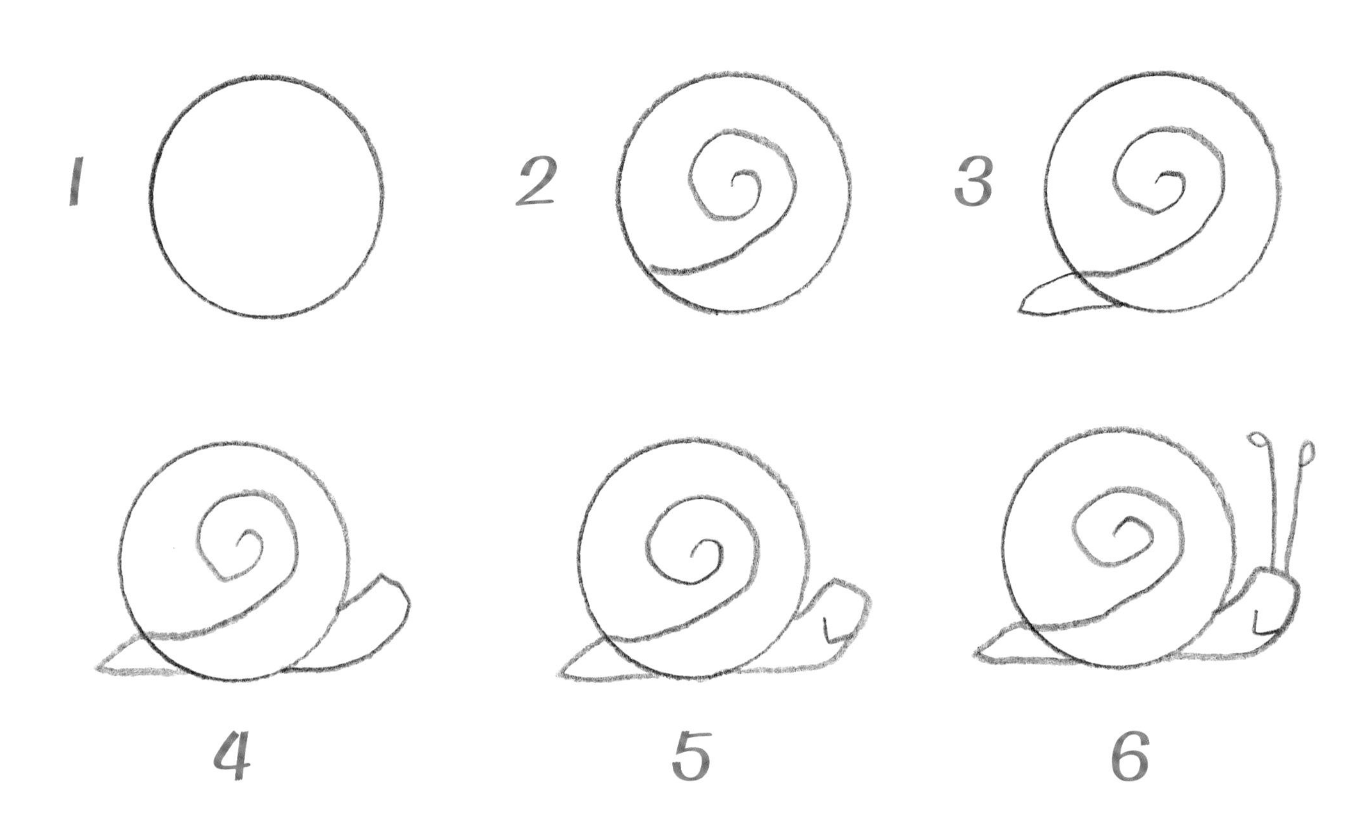

你只需在圓形內畫一個螺旋，
就能繪畫蝸牛殼。

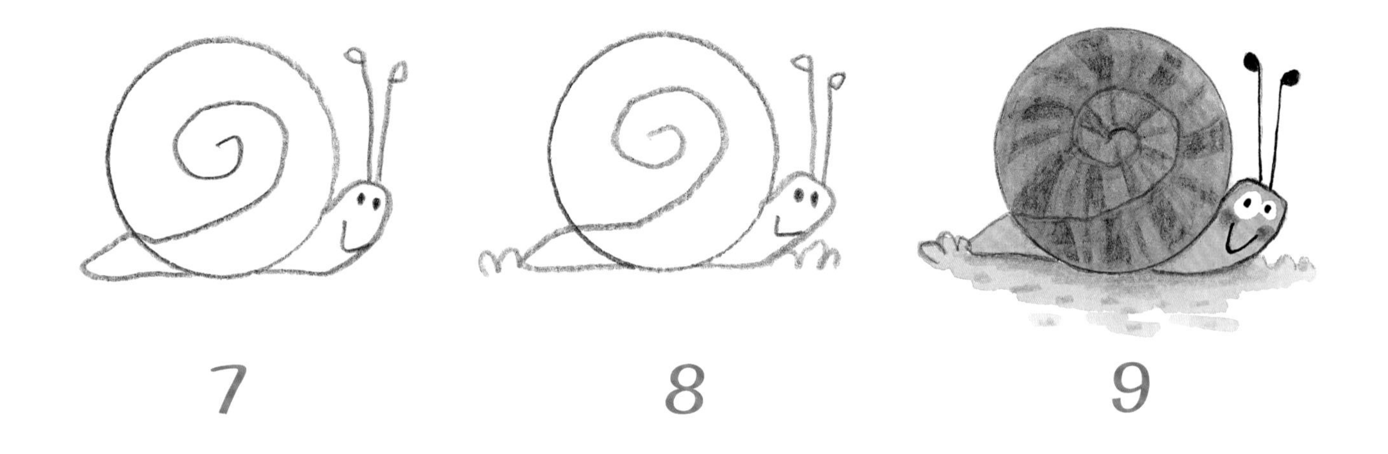

鬧鐘

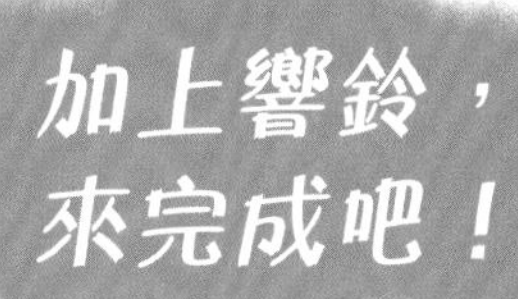

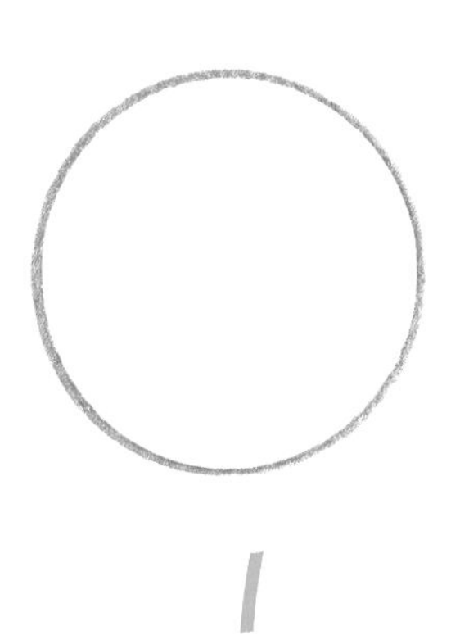

1

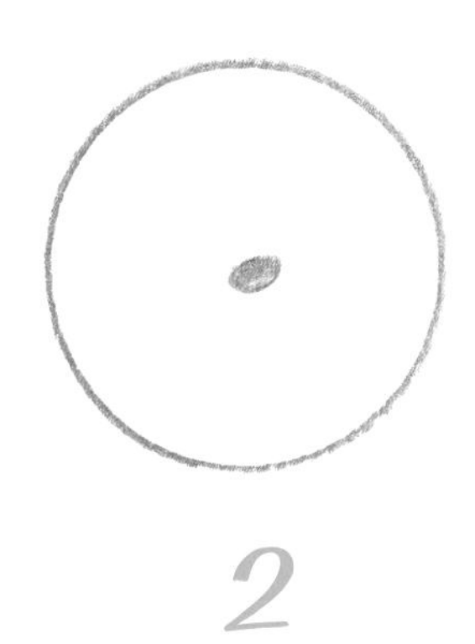

2

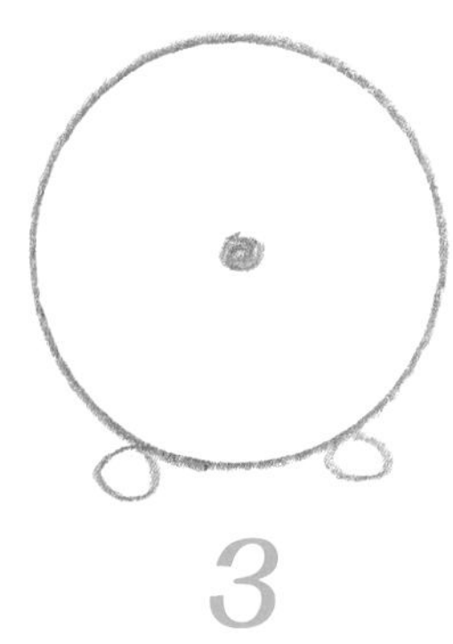

3

4

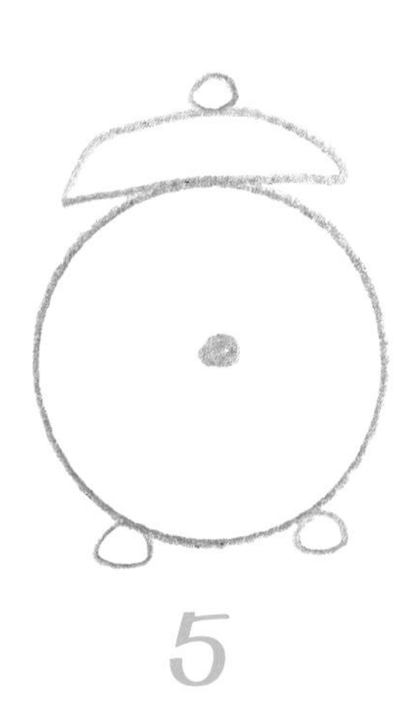

5

6

7

8

9

魚

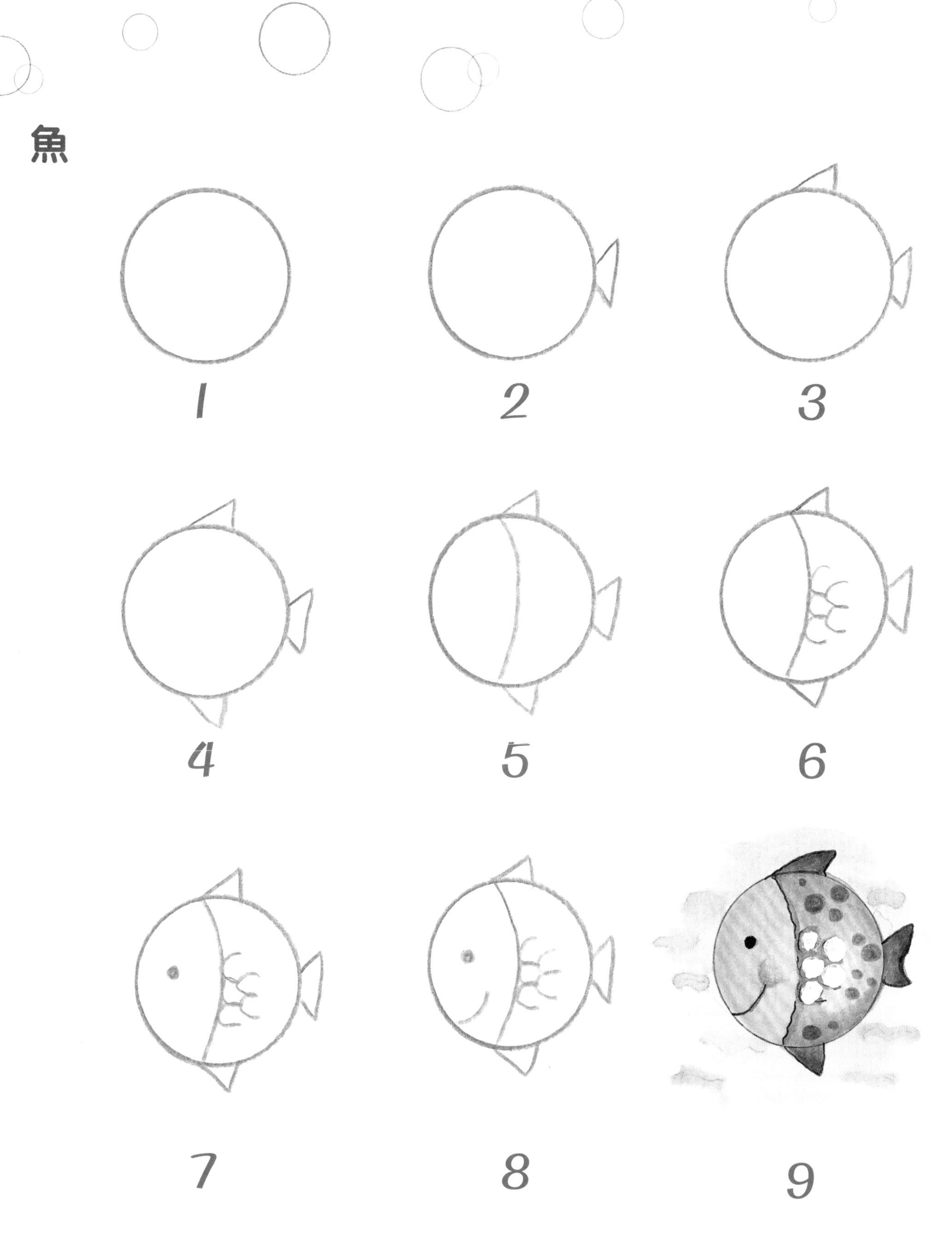

你可以繪畫數個小圓形來加上一些小氣泡。

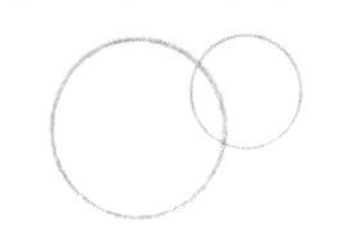

恐龍

試試畫出恐龍吧！

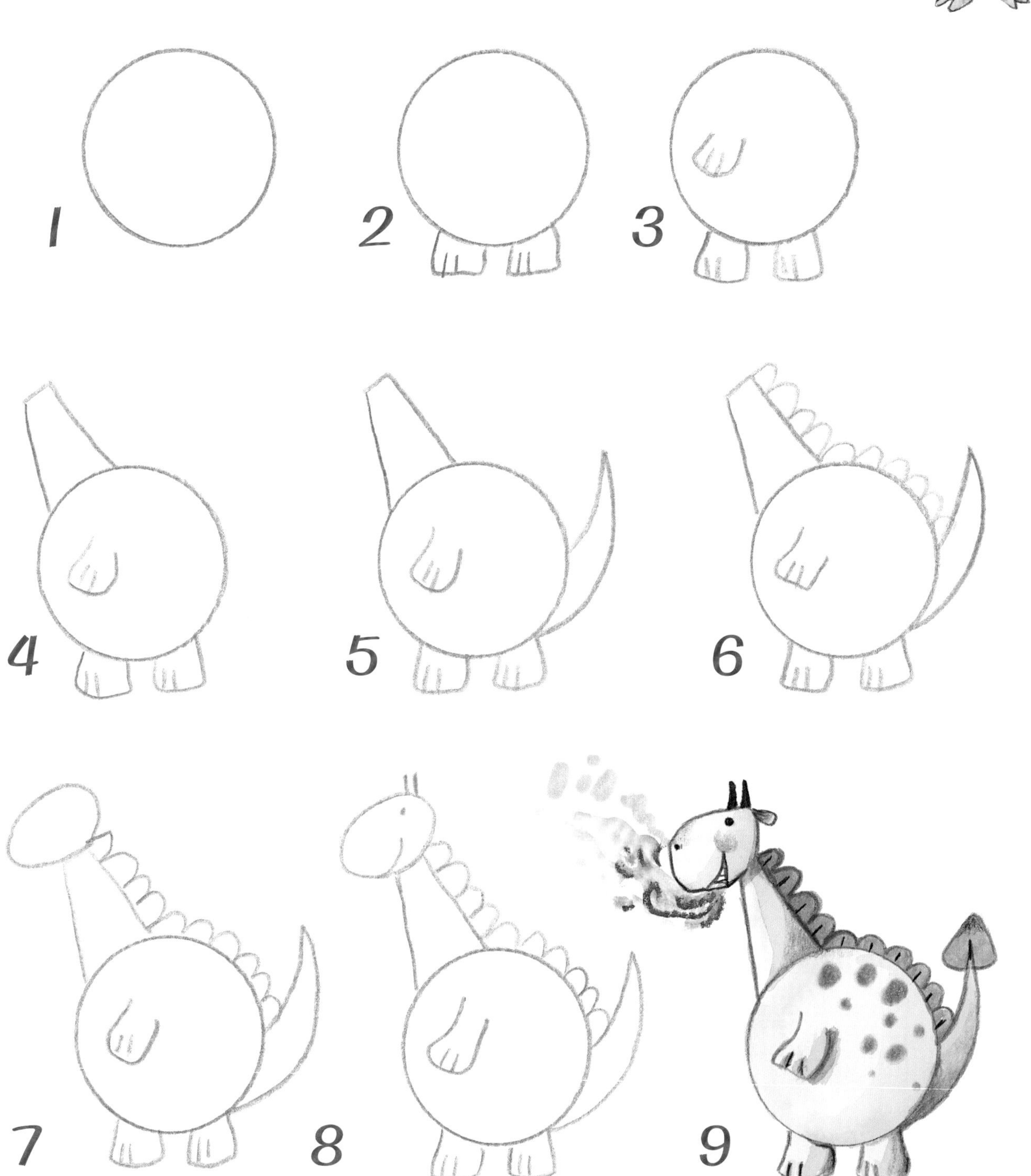

半橢圓形

半橢圓形是橢圓形的一半，它的其中一邊是直線。

水母

1

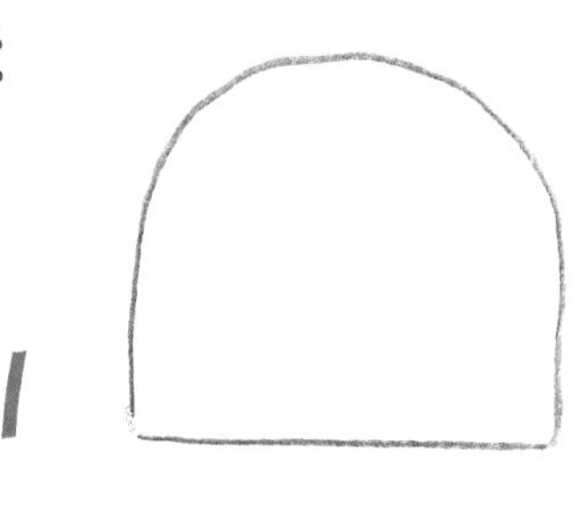

2

3

4

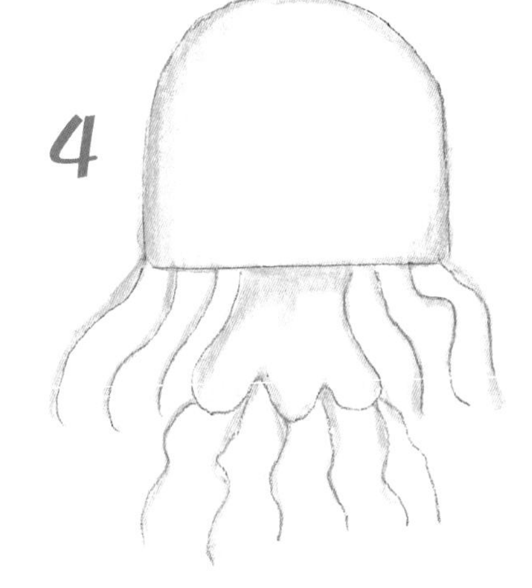

這些圖畫就是只需簡單的4個步驟來繪畫！

蛋糕

1

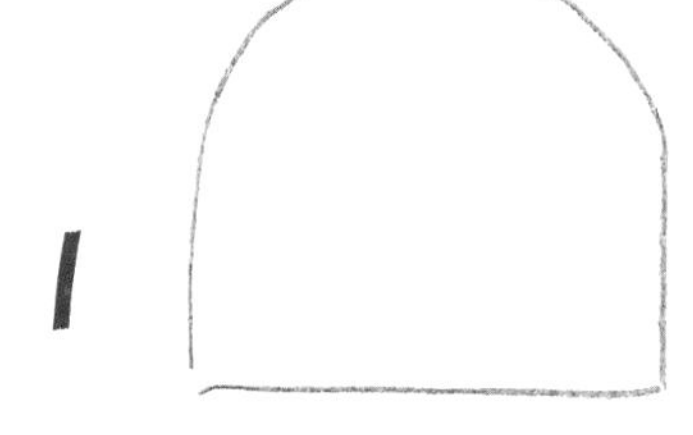

2

3

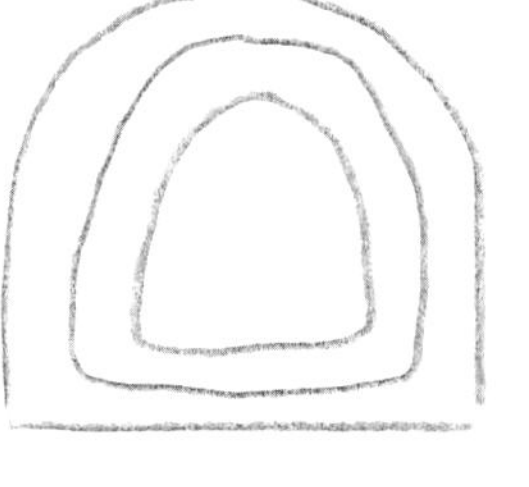

4

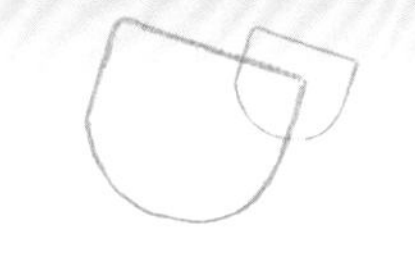

羊毛帽

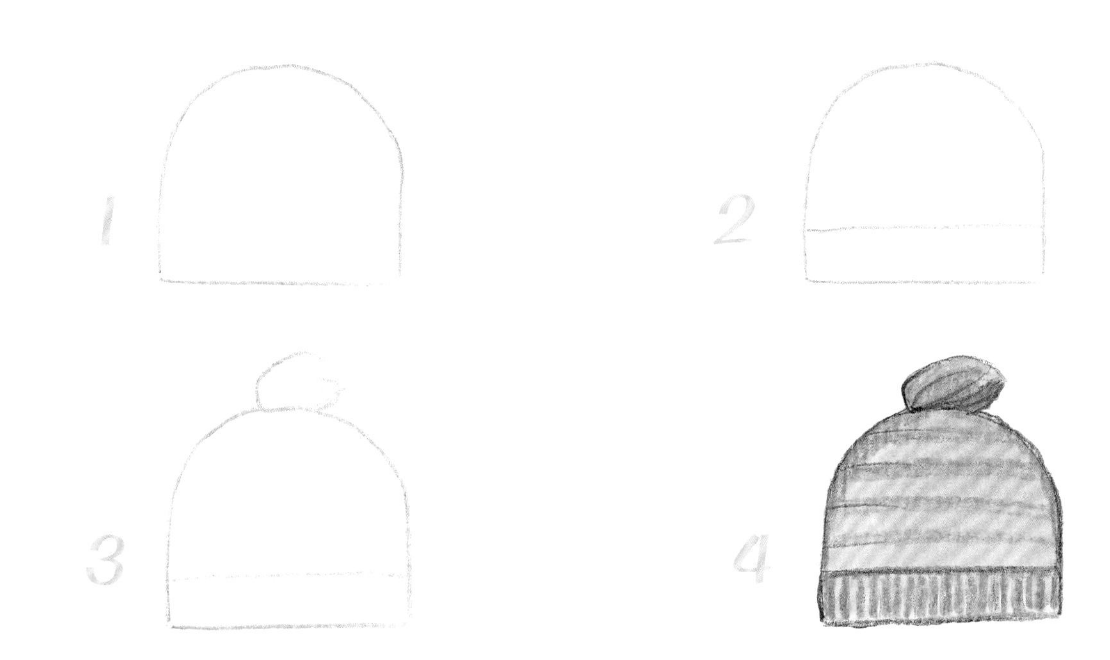

鈴鐺

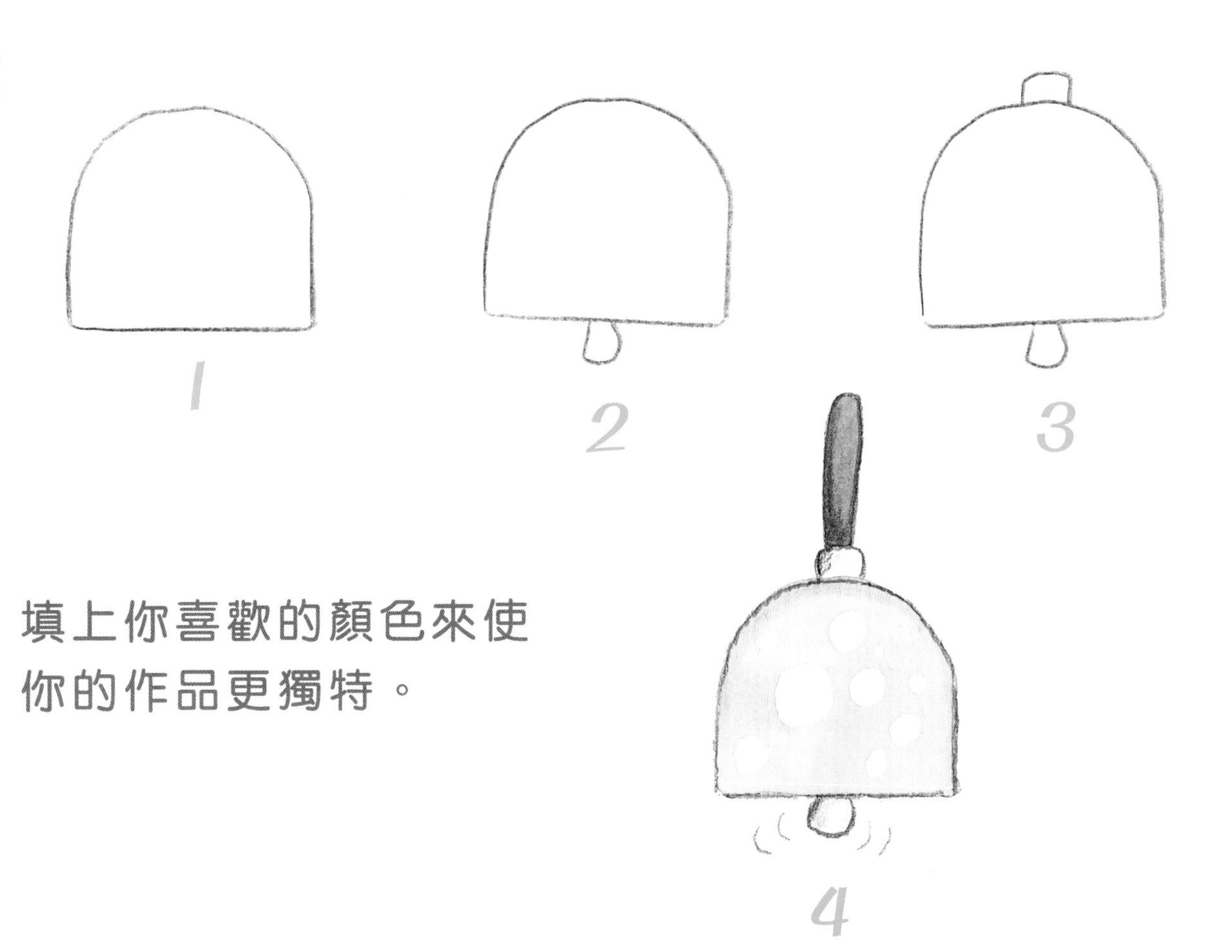

填上你喜歡的顏色來使
你的作品更獨特。

甲蟲

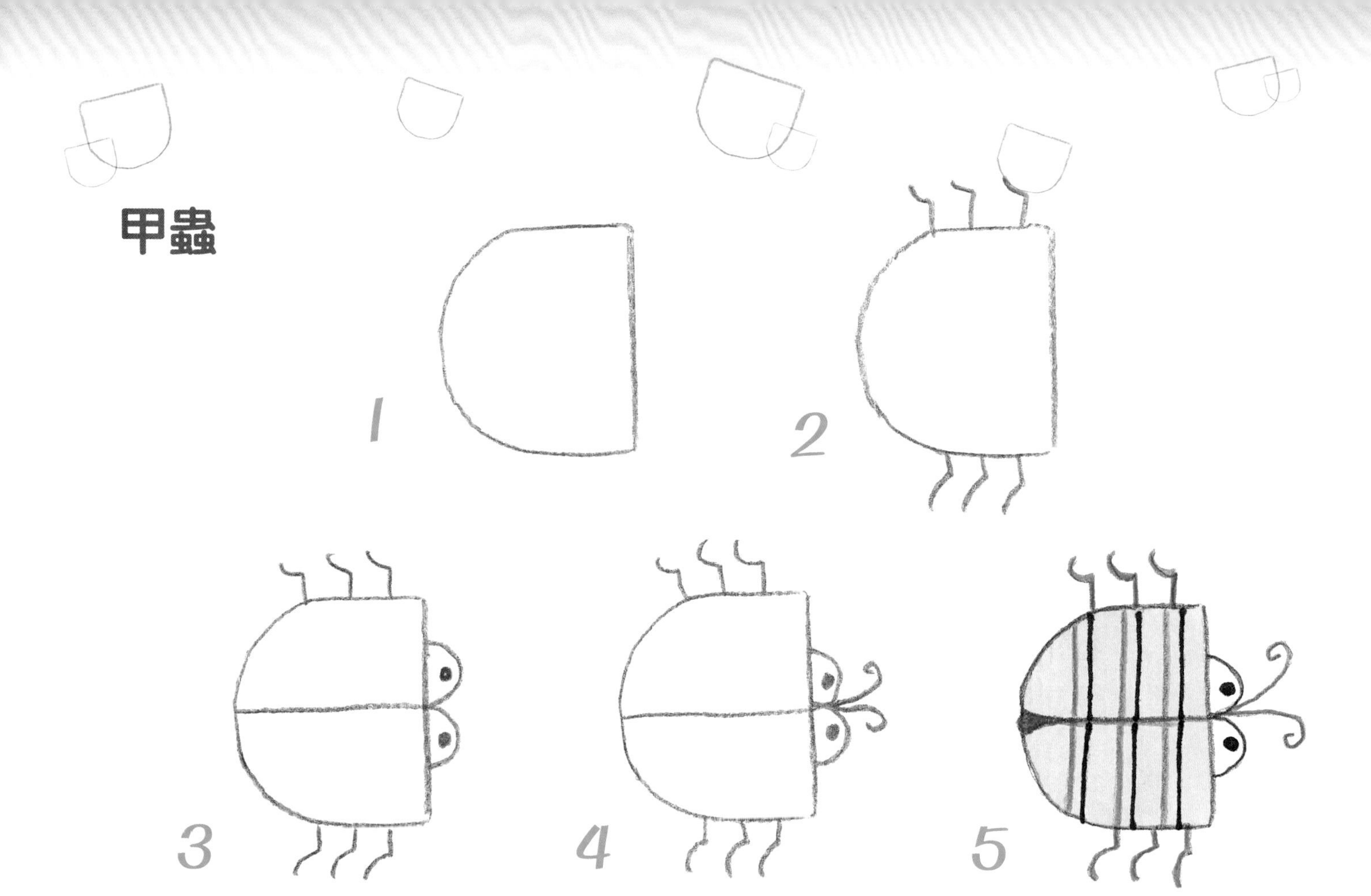

吊燈

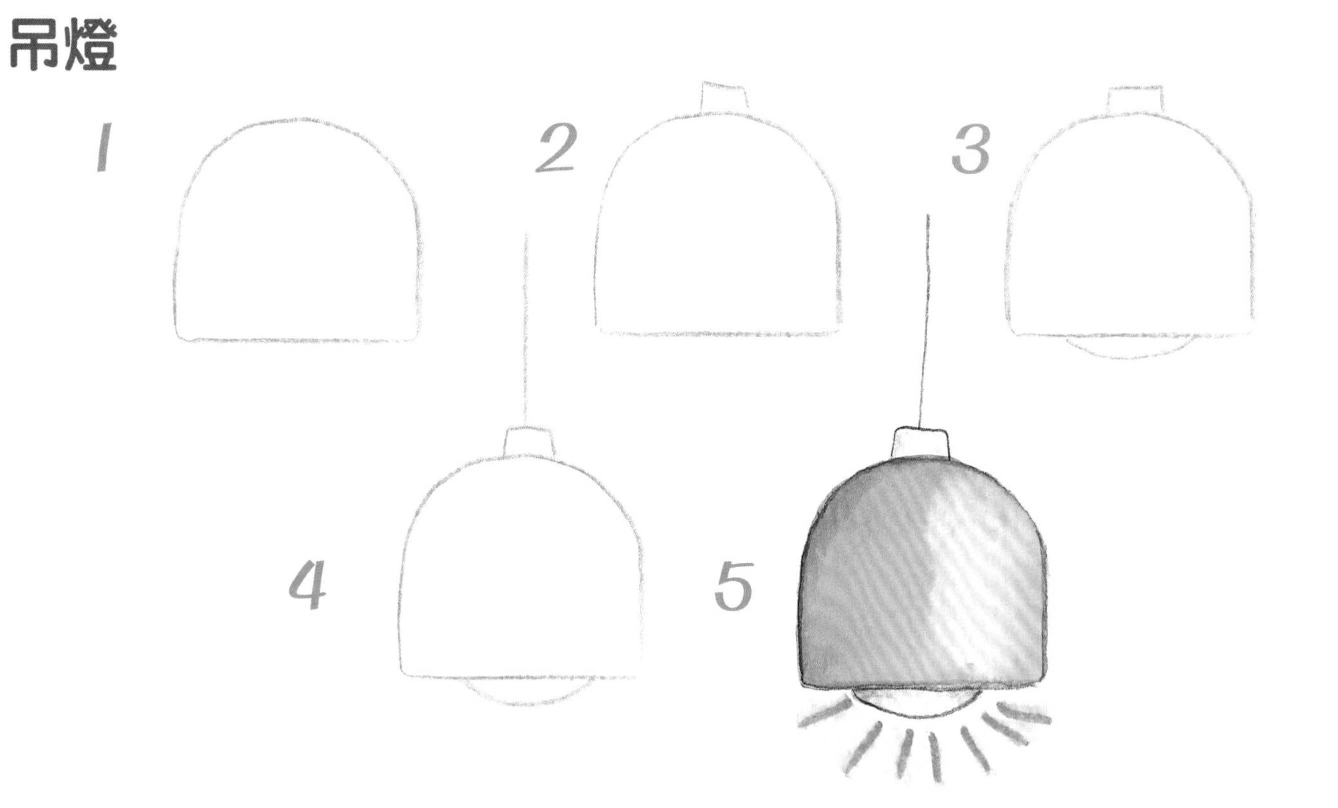

冰屋

1 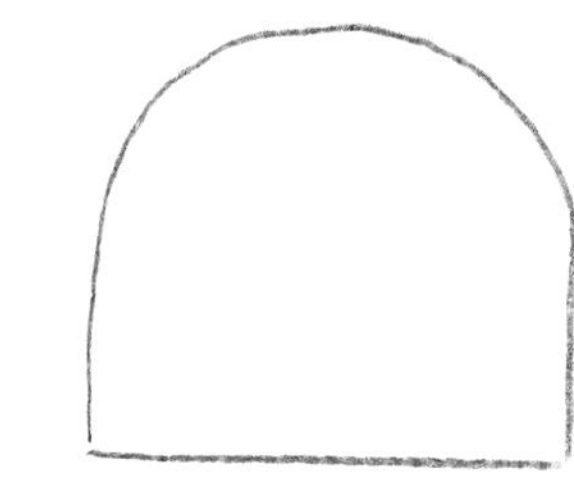

2 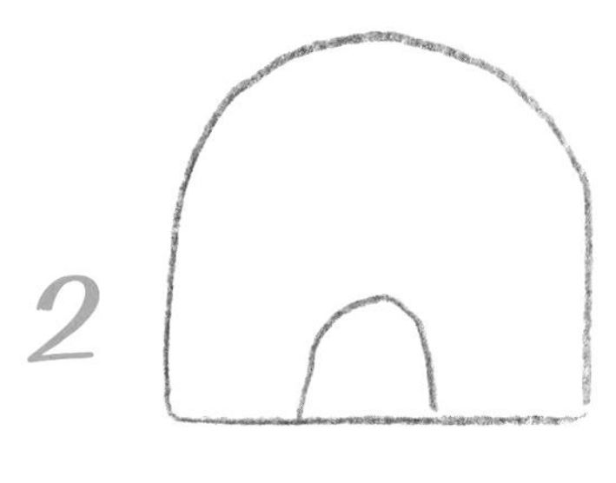

3 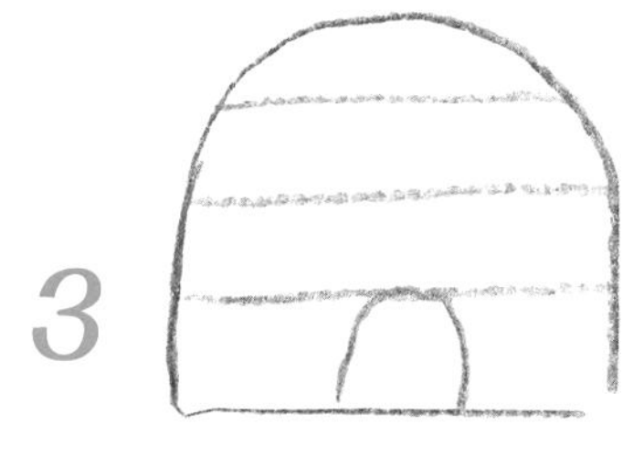

4 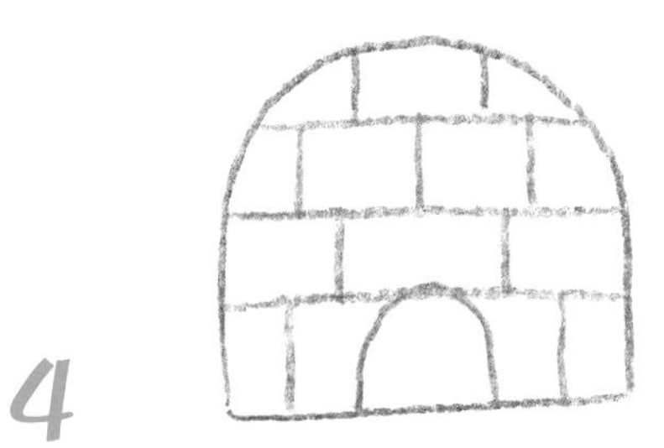

5 

來個半轉吧！

瀝水籃

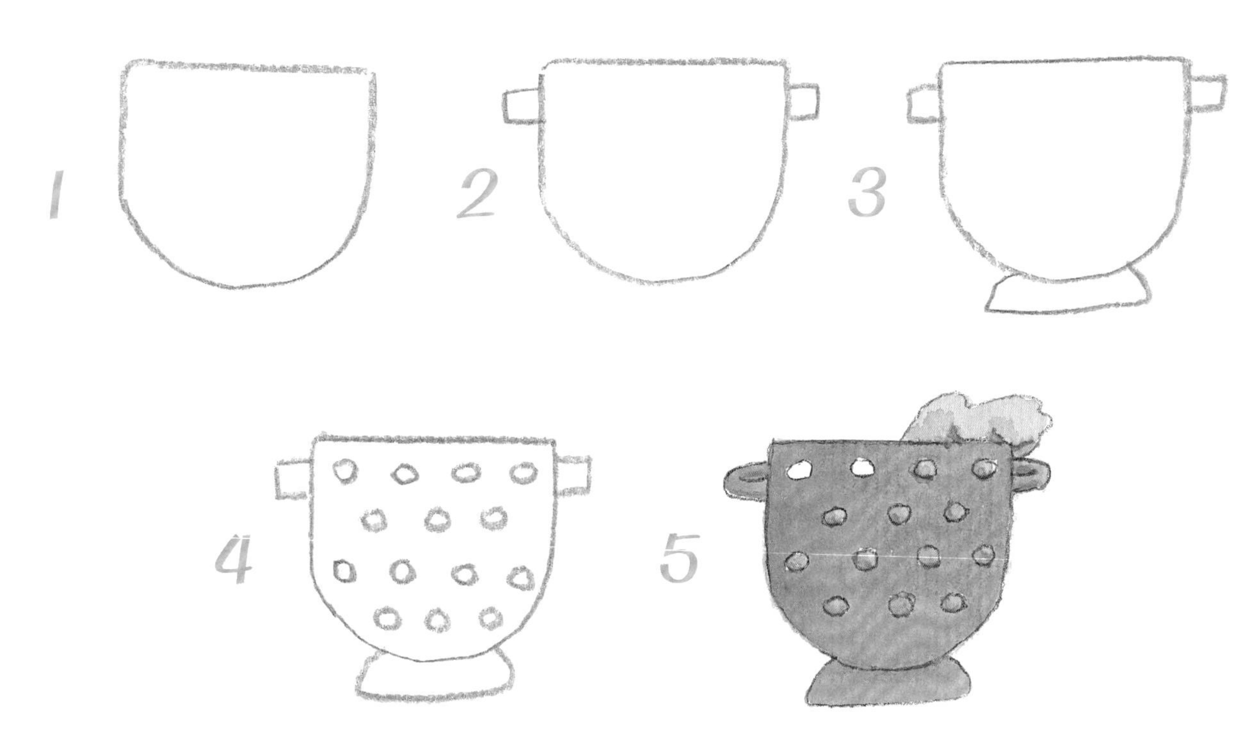

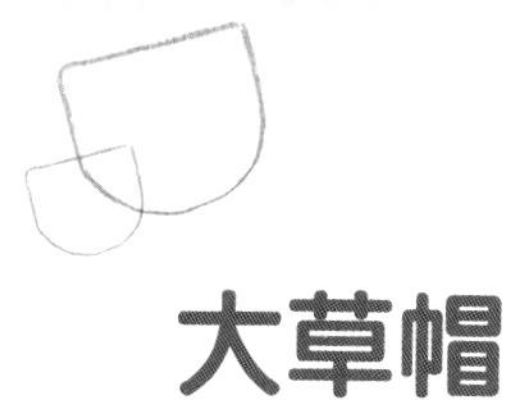

大草帽

現在，用6個步驟繪畫吧！

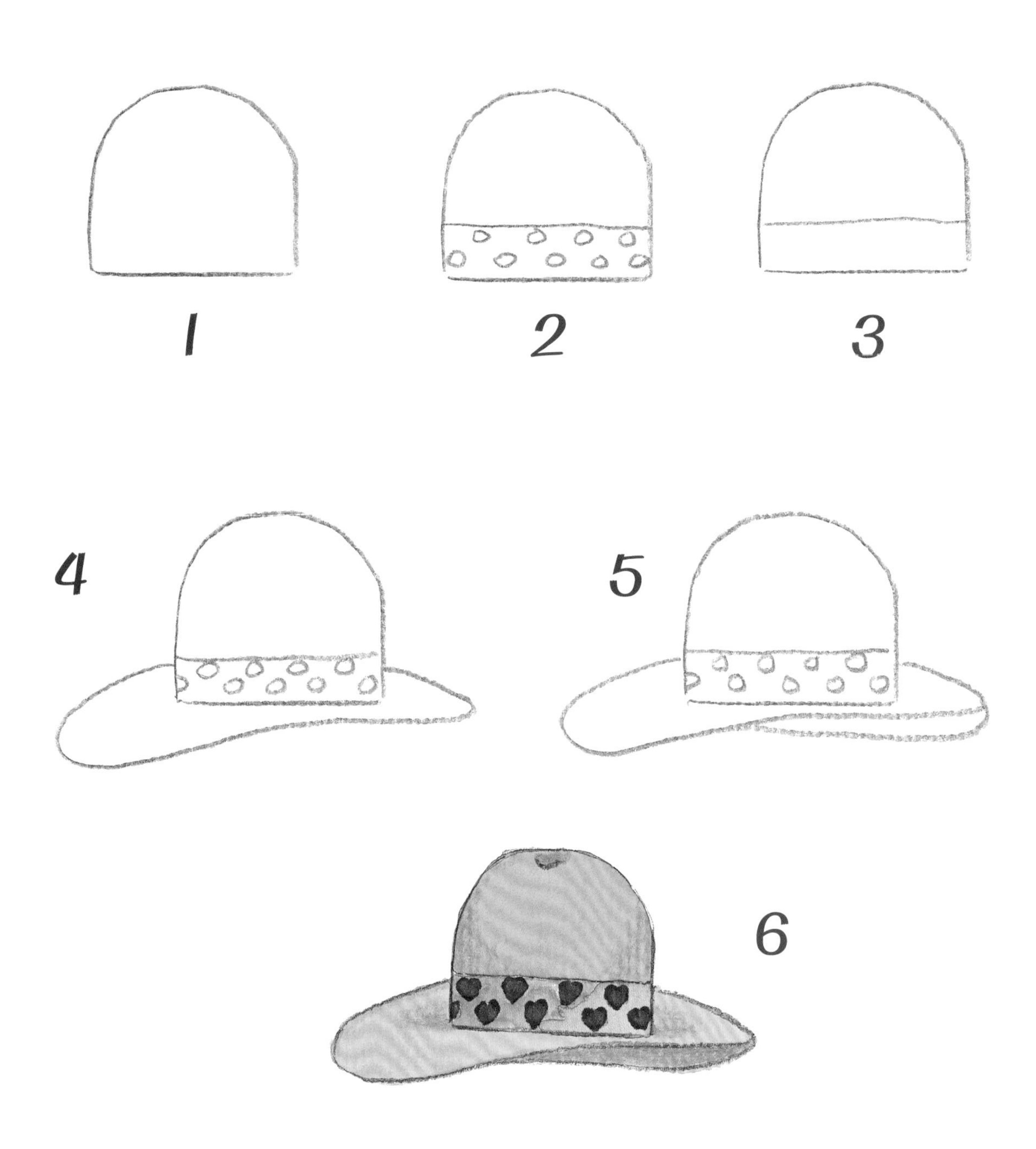

雞蛋杯

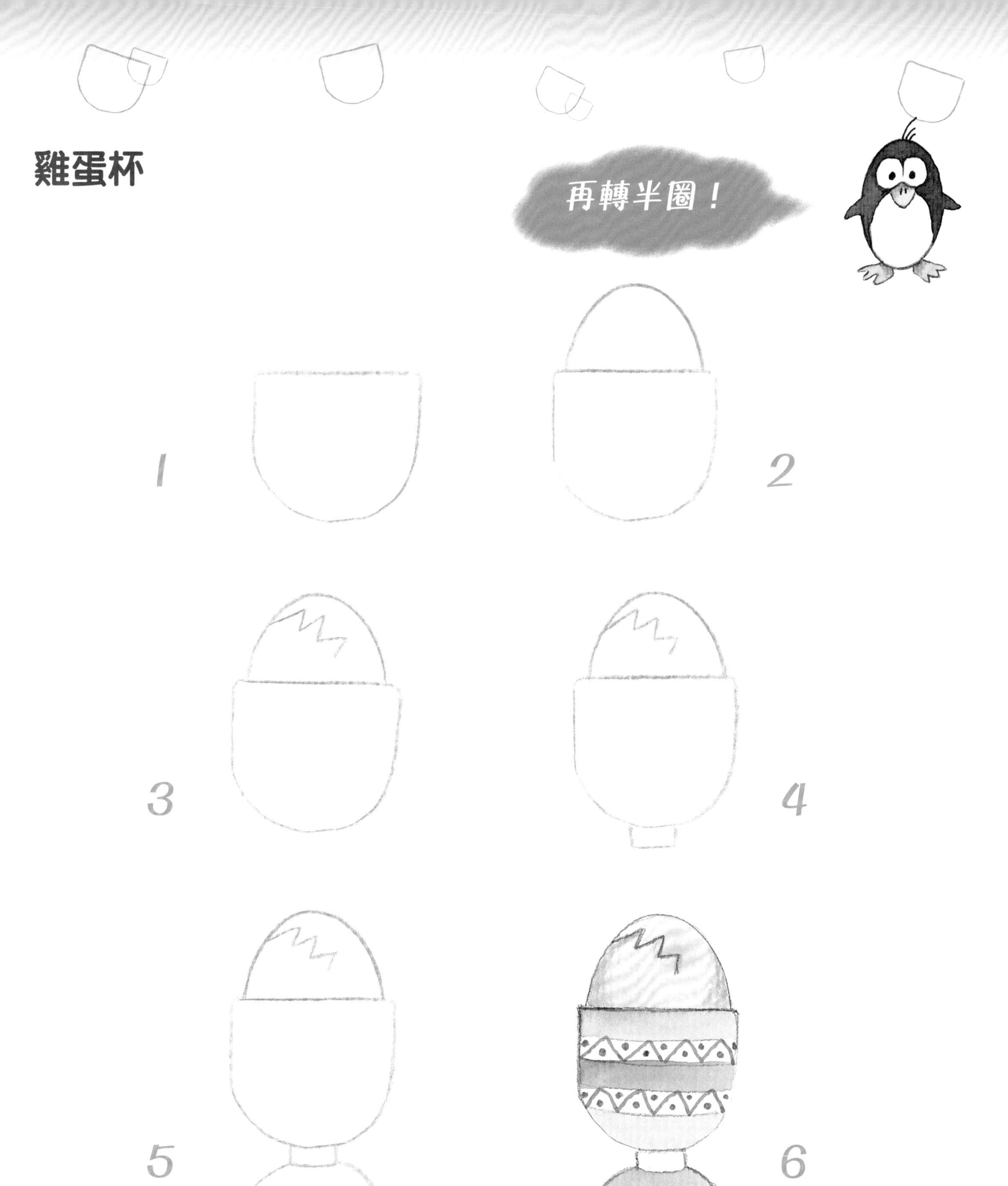

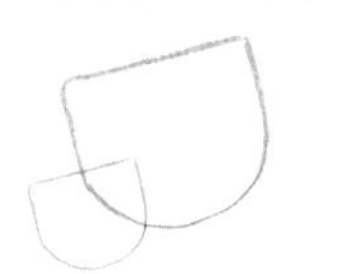

茶壺

再轉一下……感到頭暈了嗎？

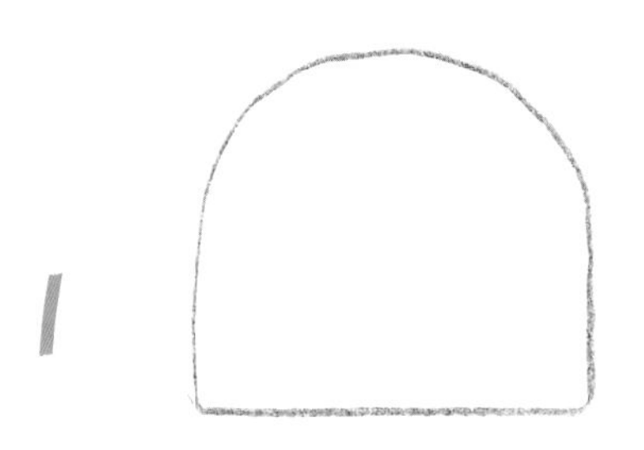

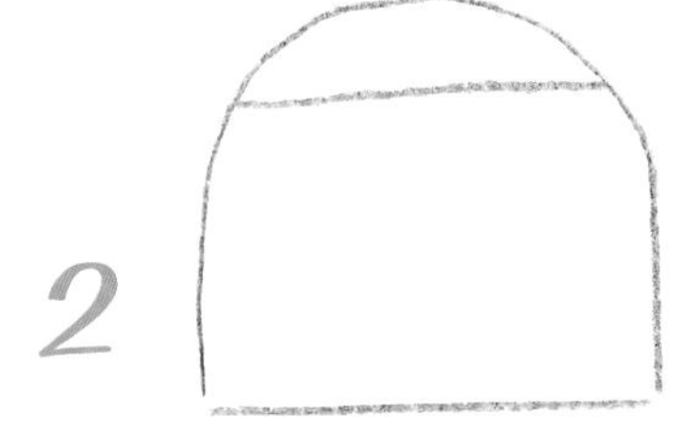

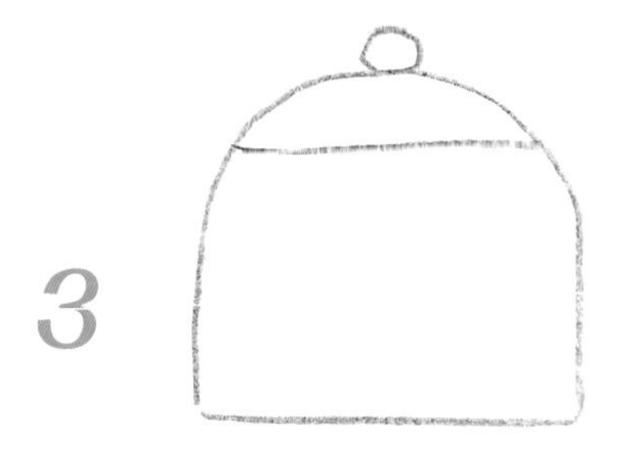

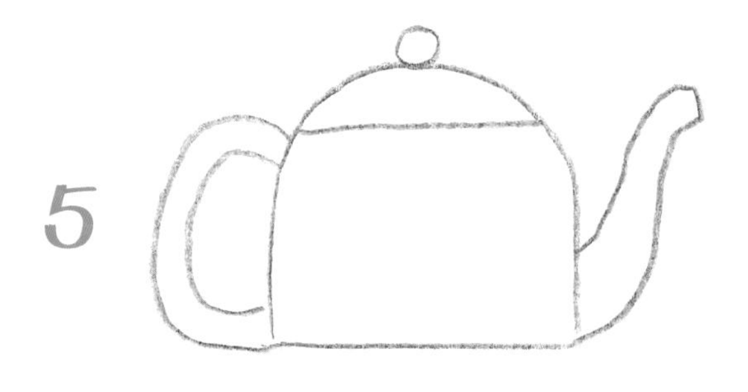

你能夠想到其他有手柄的物件嗎？

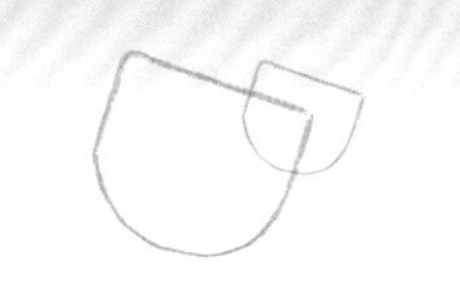

章魚

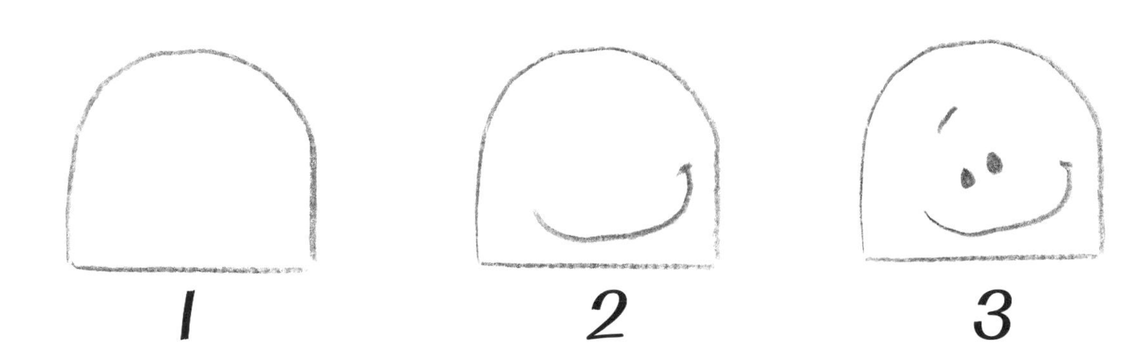

還有，其他動物有很多觸手……
你會畫出嗎？你能想到嗎？

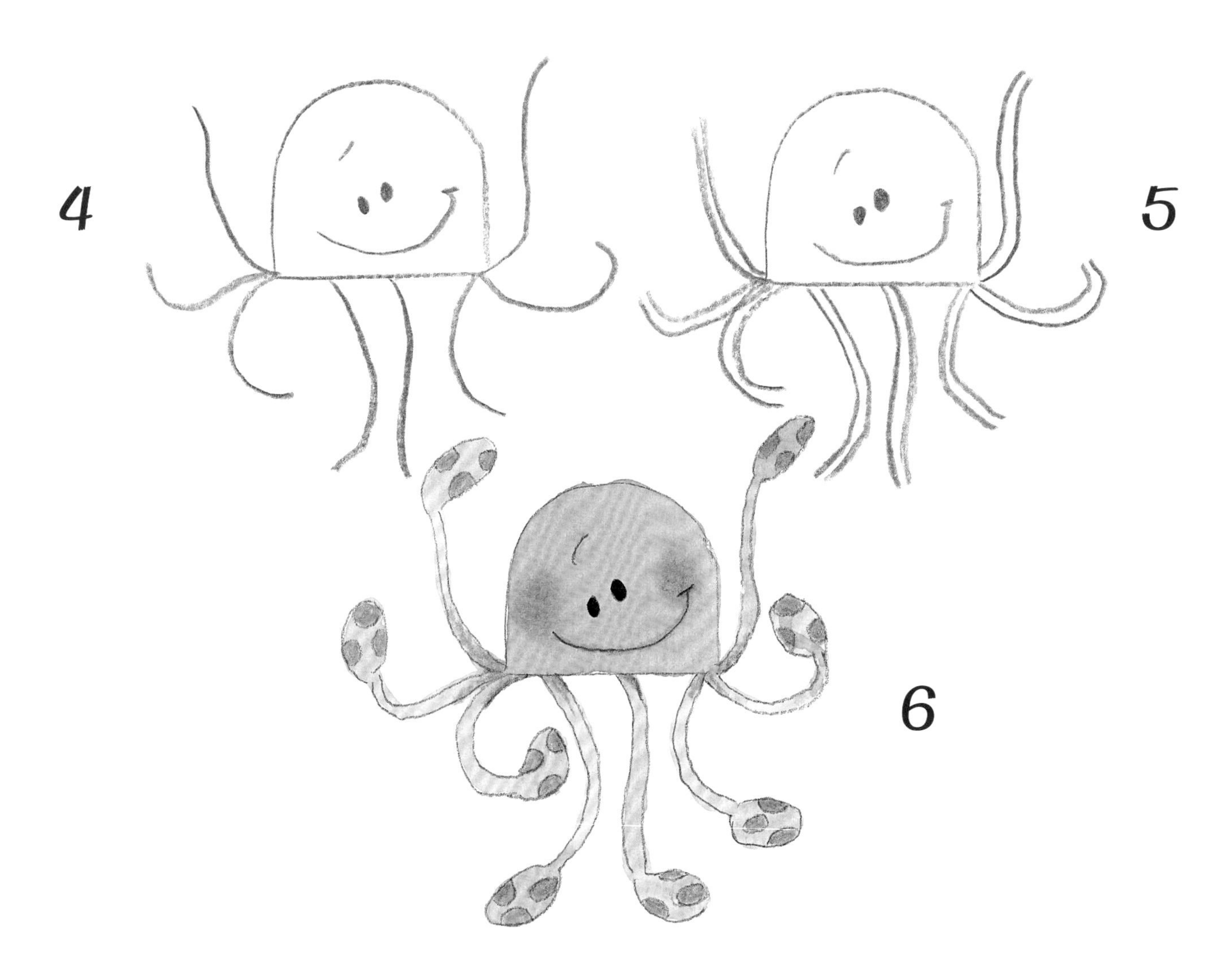

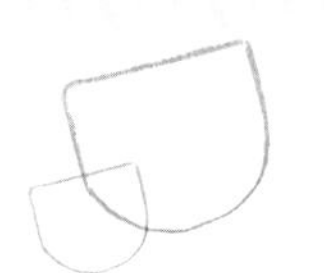

孵蛋的母雞

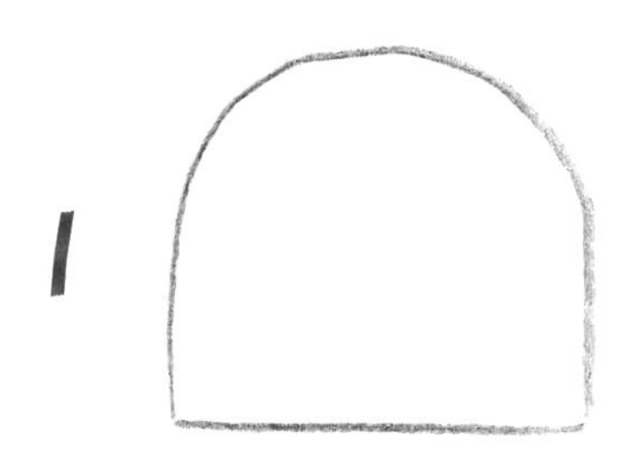

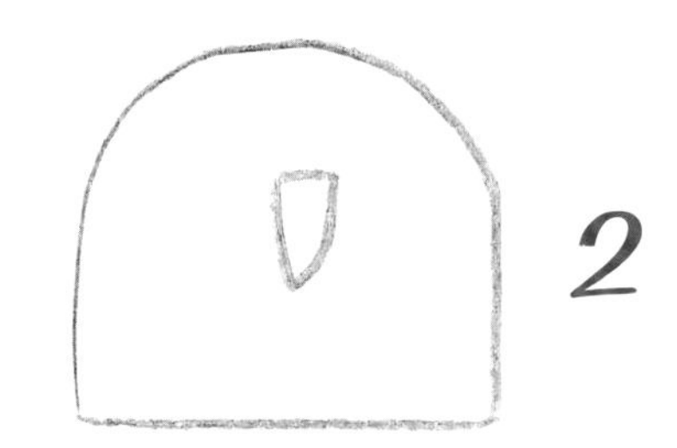

用7個步驟嘗試繪畫吧！

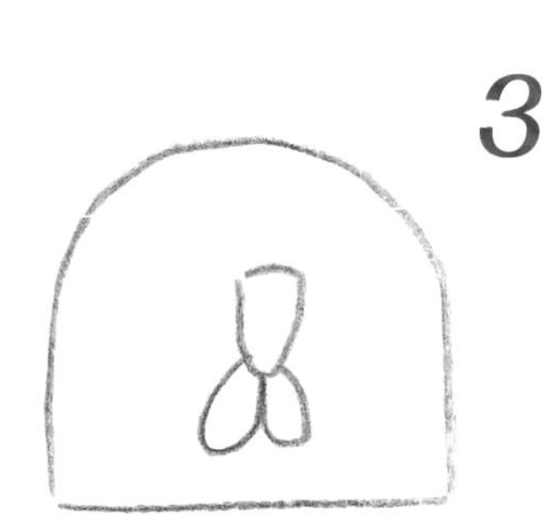

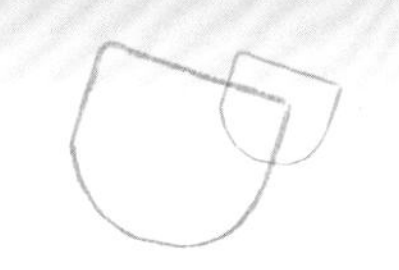

大象

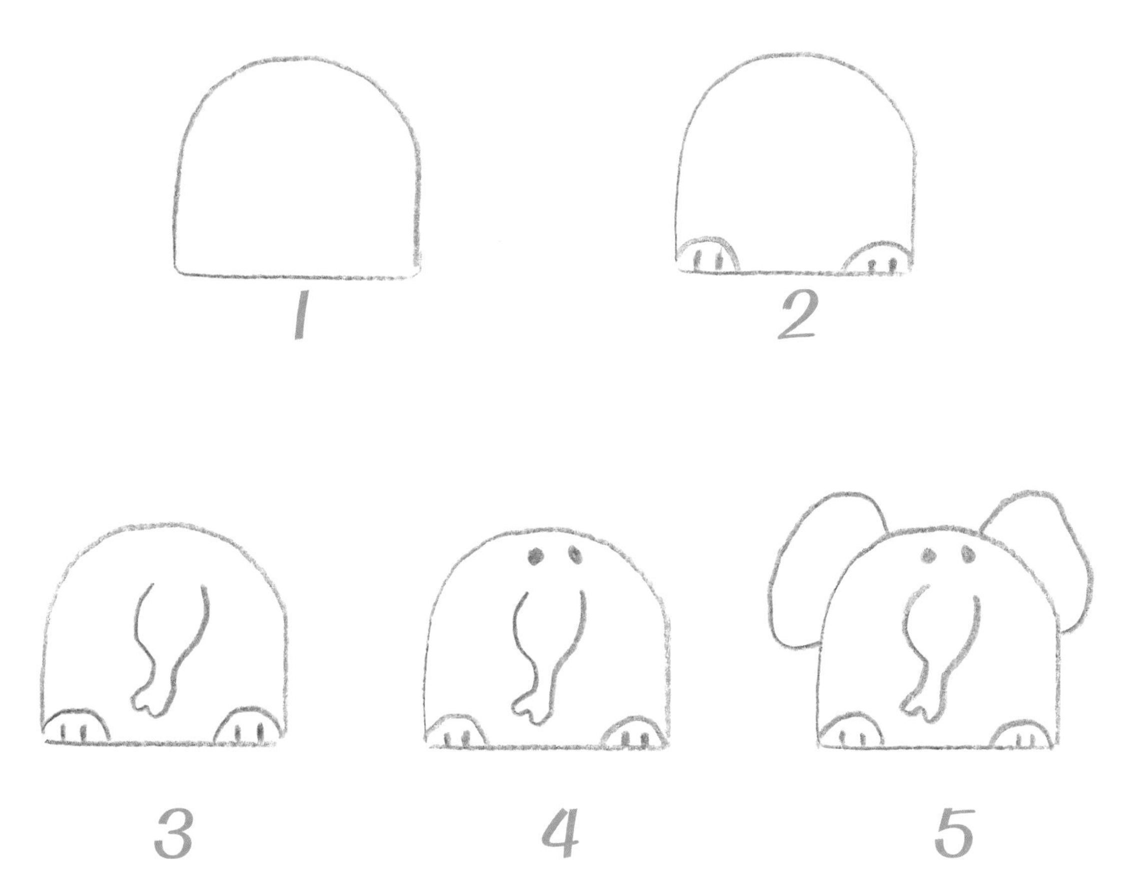

你能夠畫出這隻大象的背面嗎？
試試繪畫吧！

香水

不要忘記畫出它
細緻的部分！

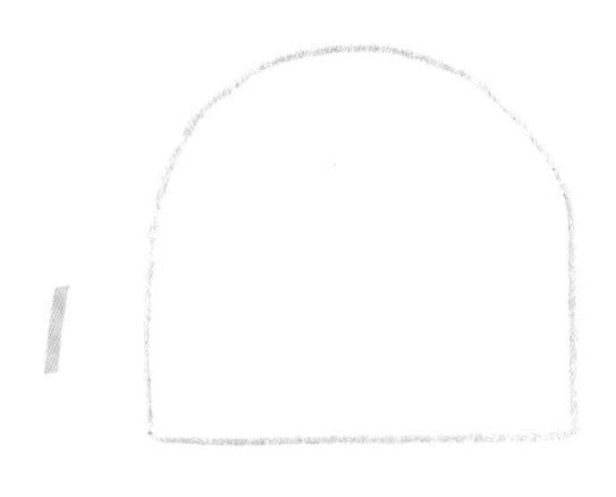

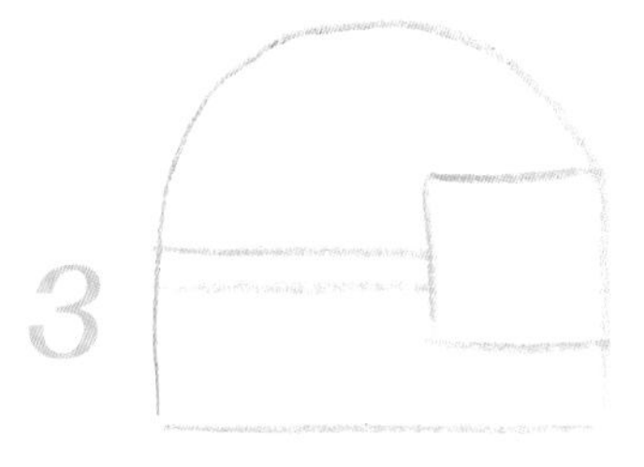

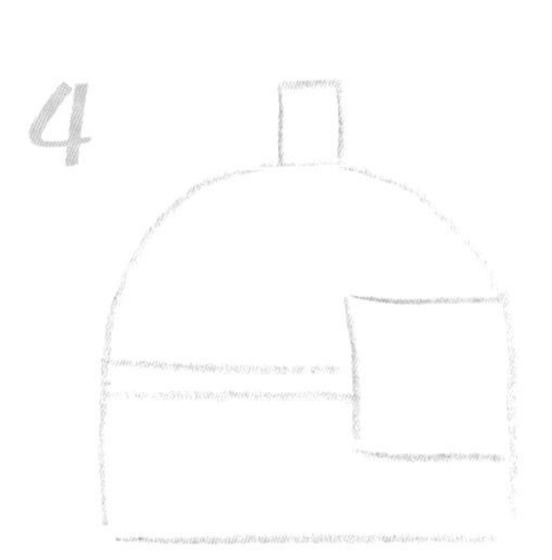

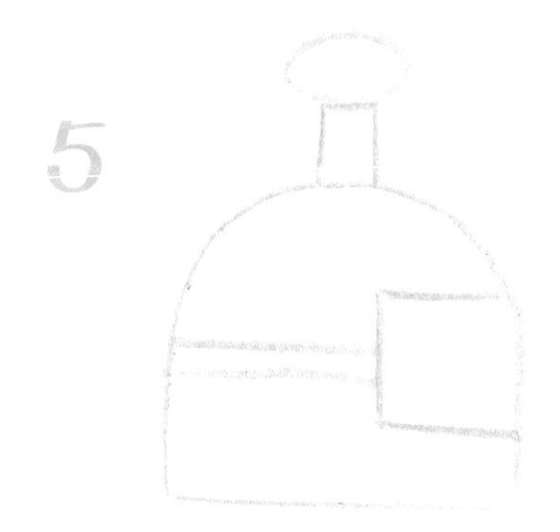

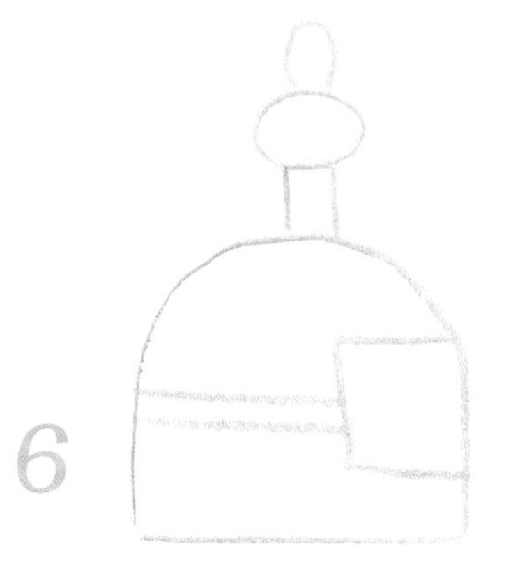

貓頭鷹

如果你把翅膀畫在身體之外，牠看起來就像是要起飛了！

橢圓形

圓形小檔案
橢圓形是壓扁了的圓形。

螃蟹

1

2

你能夠用7個步驟完成繪畫嗎？

3

4

5

6

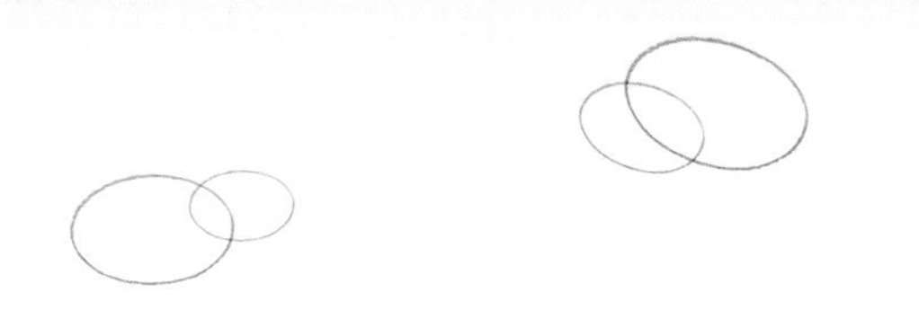

羊

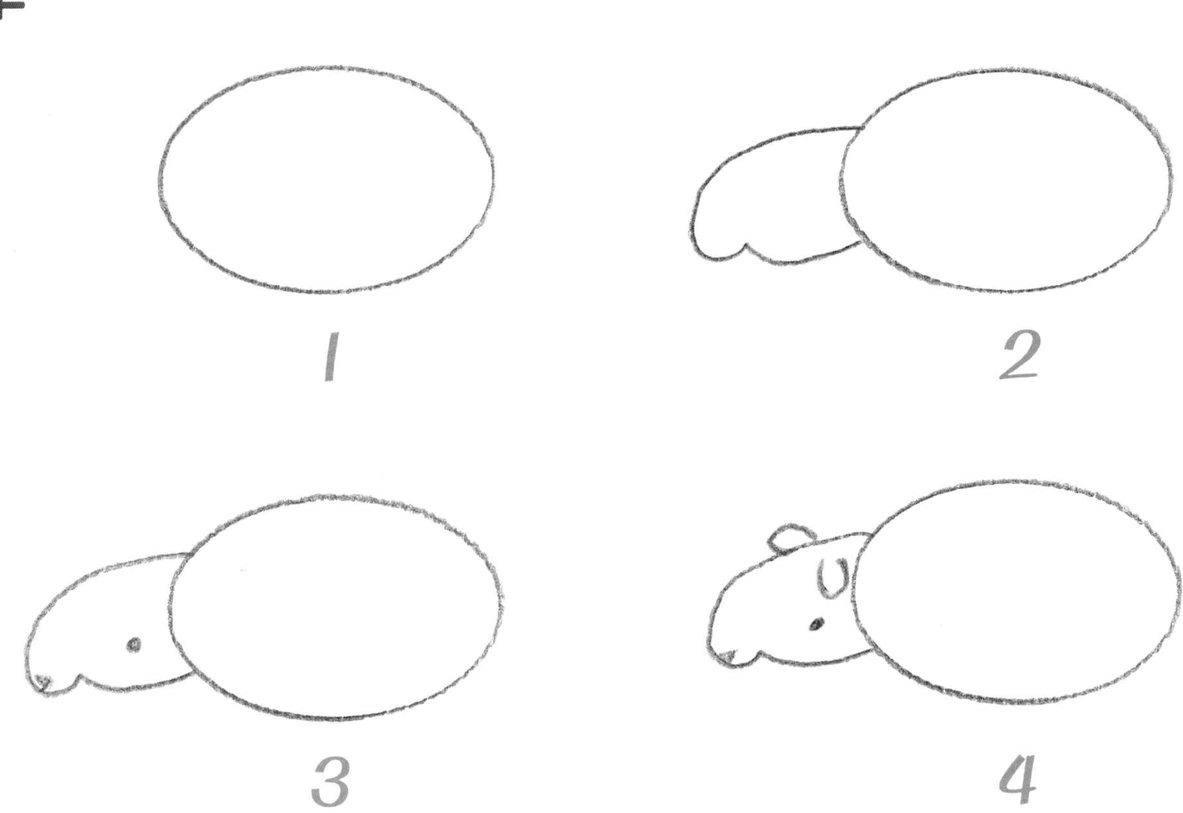

只要你使用橢圓形，就可以繪畫出
大多數擁有四隻腳的農場動物。

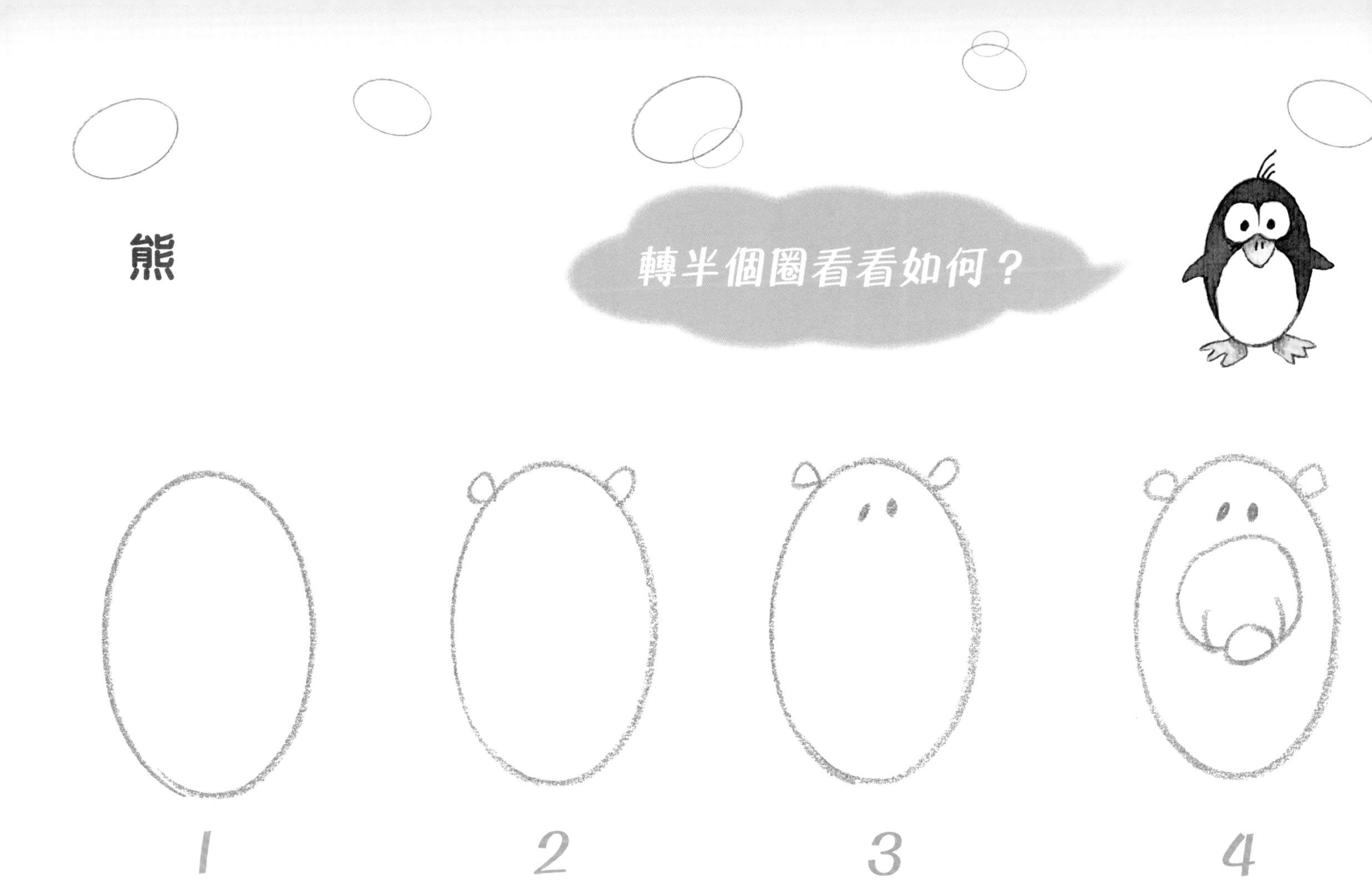

現在用7個步驟繪畫吧！

刺蝟

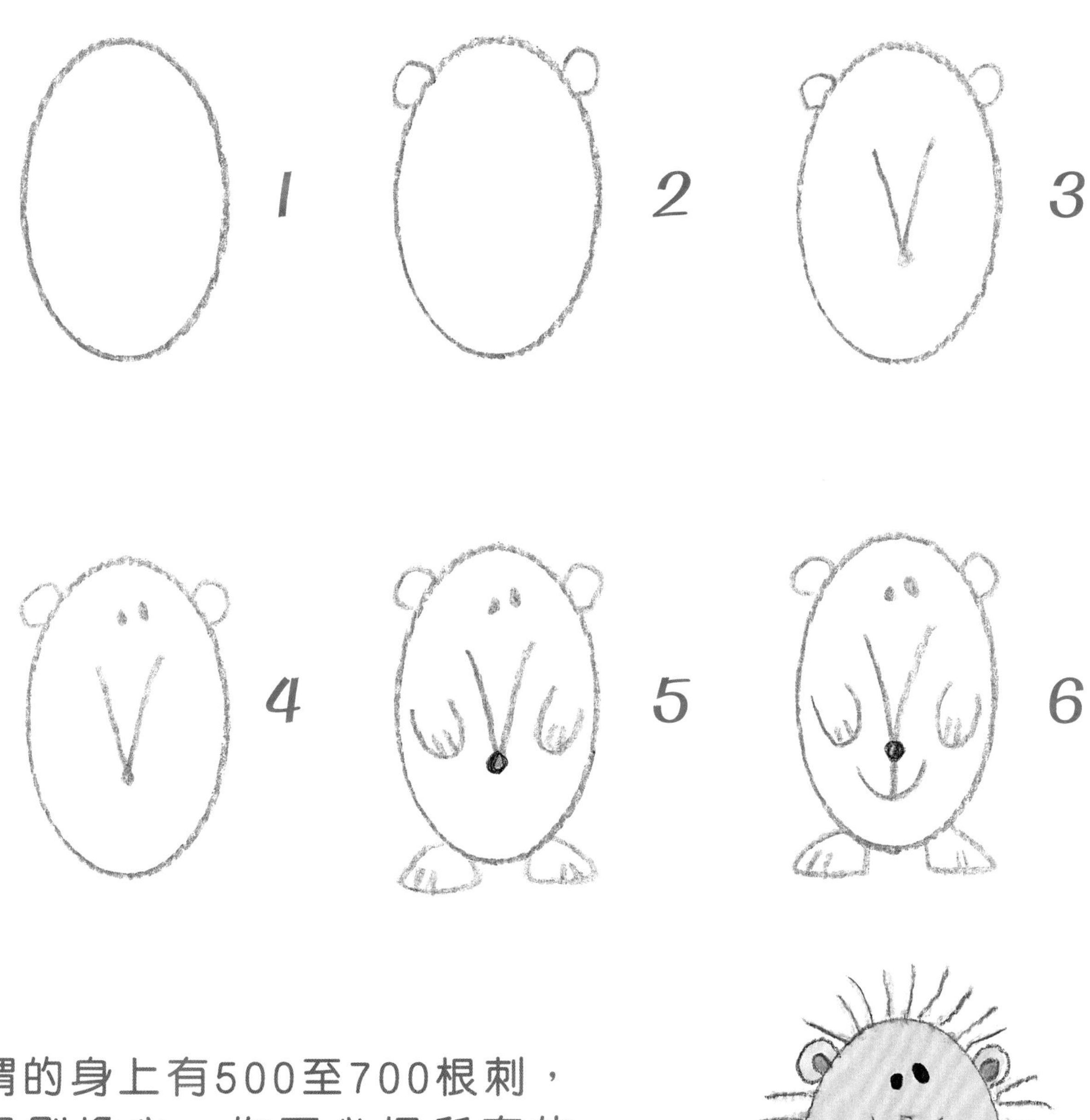

刺蝟的身上有500至700根刺，
但是別擔心，你不必把所有的
刺都畫出來……

7

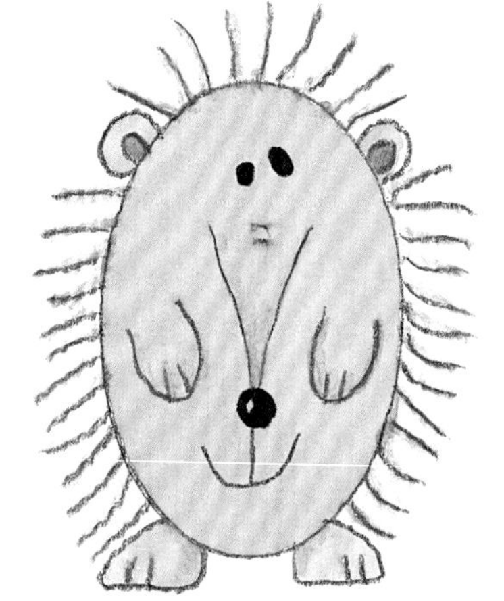

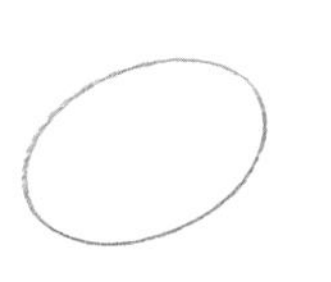

企鵝

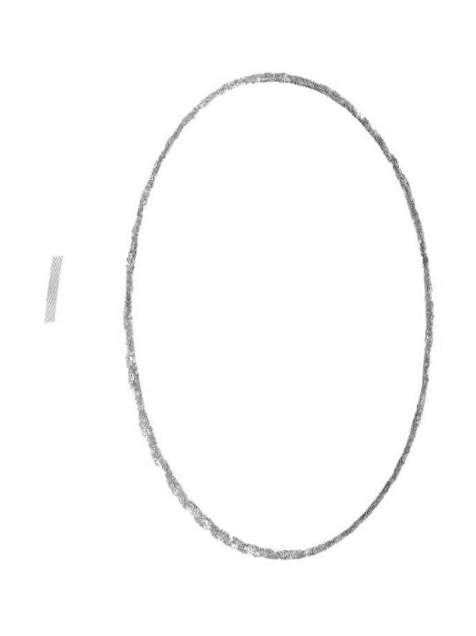

不妨在地面上加點冰吧！

鸚鵡

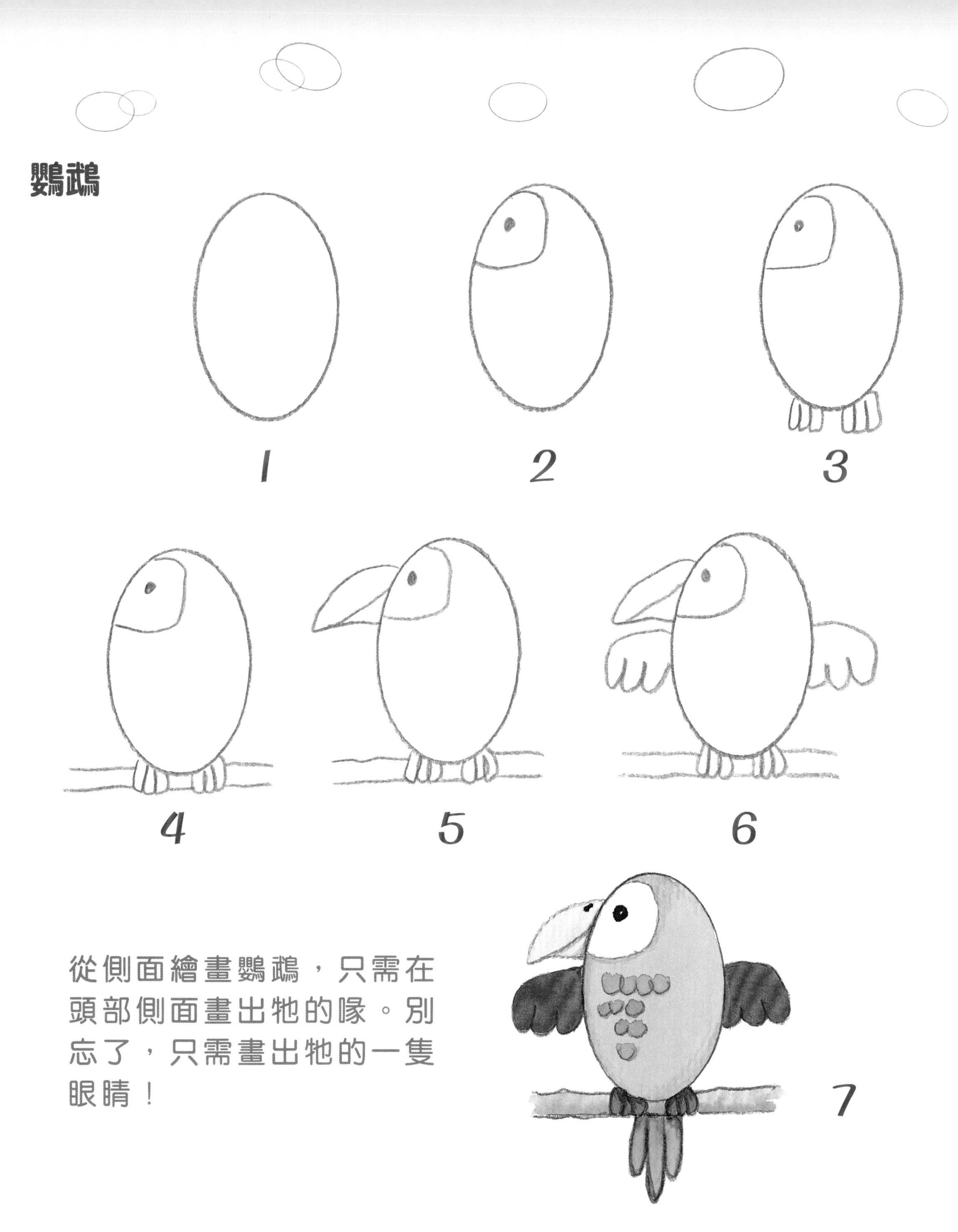

從側面繪畫鸚鵡，只需在頭部側面畫出牠的喙。別忘了，只需畫出牠的一隻眼睛！

海龜

1

2

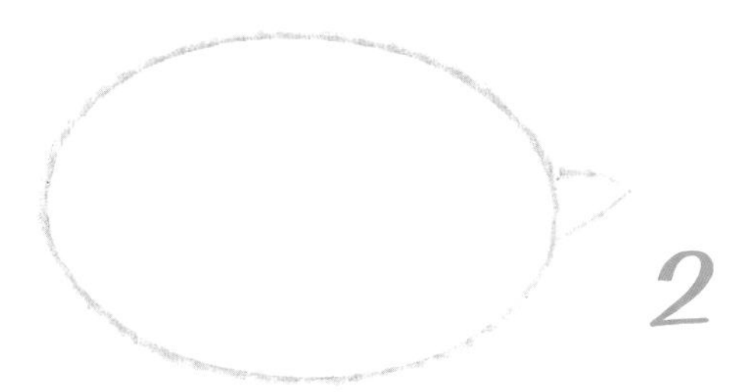

用7個步驟嘗試繪畫吧！

3

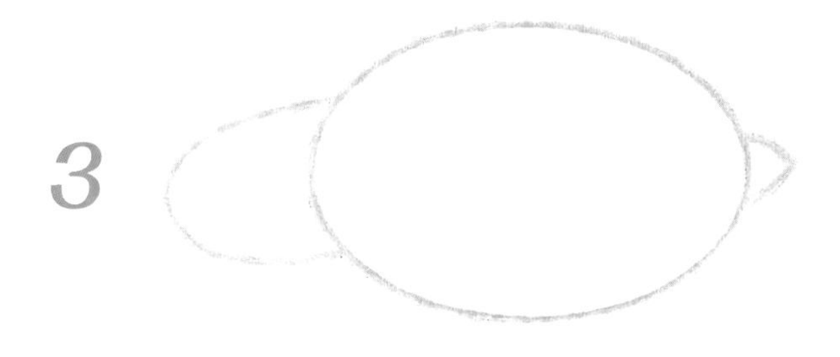

4

5

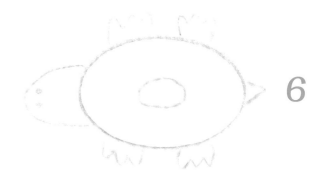

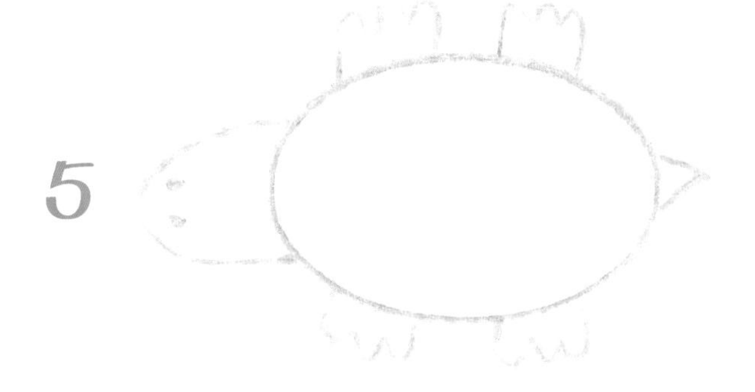

6

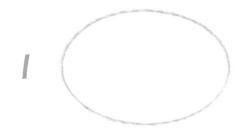

7

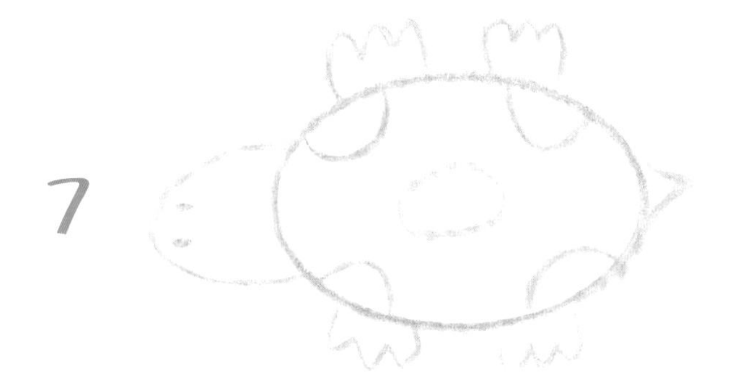

8

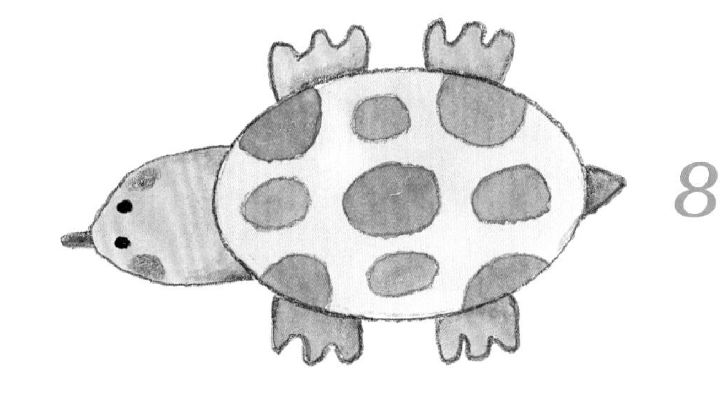

老鼠

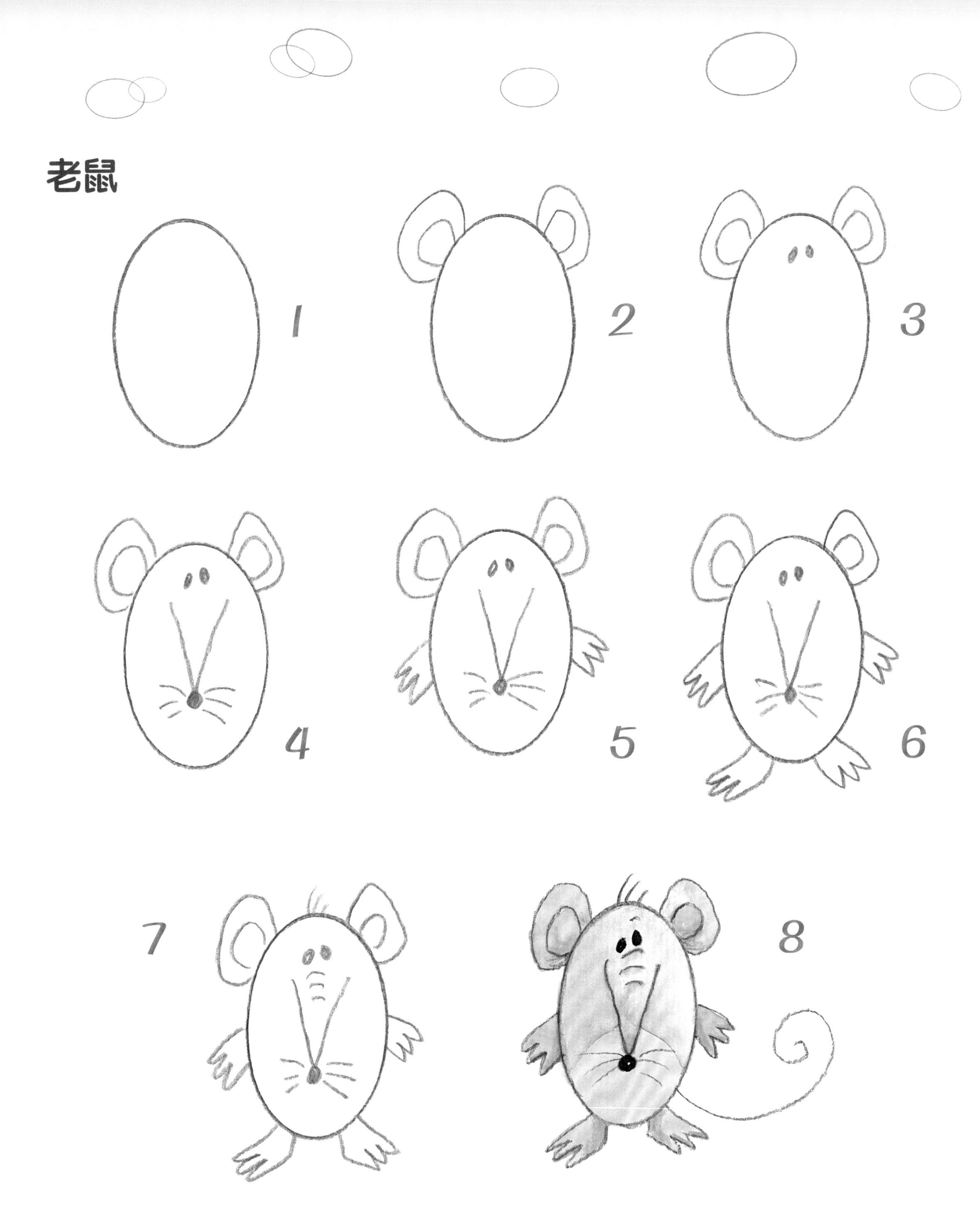

三角形

圖形小檔案

全等三角形的三條邊及三個角相等。

全等三角形

金字塔

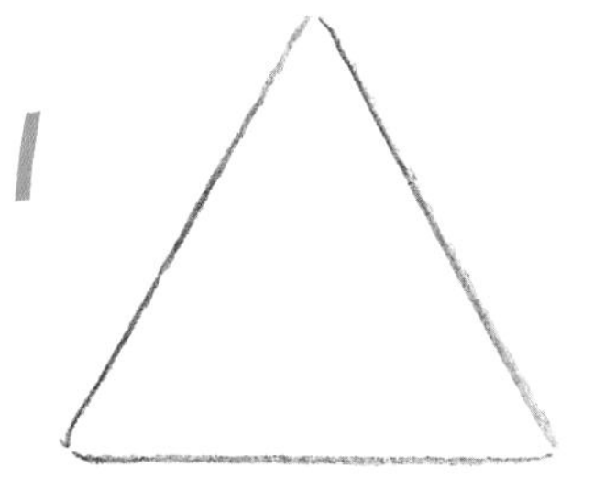

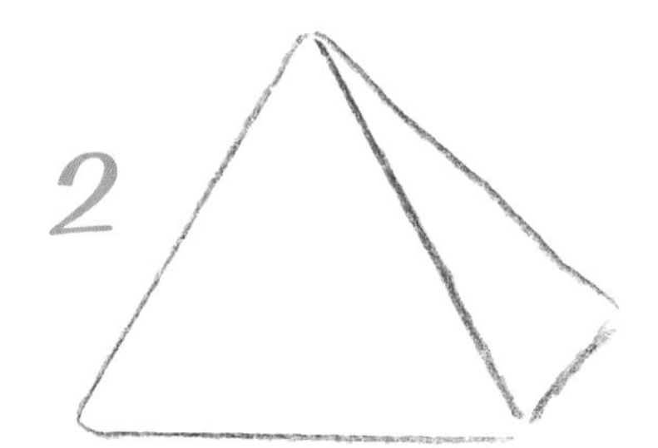

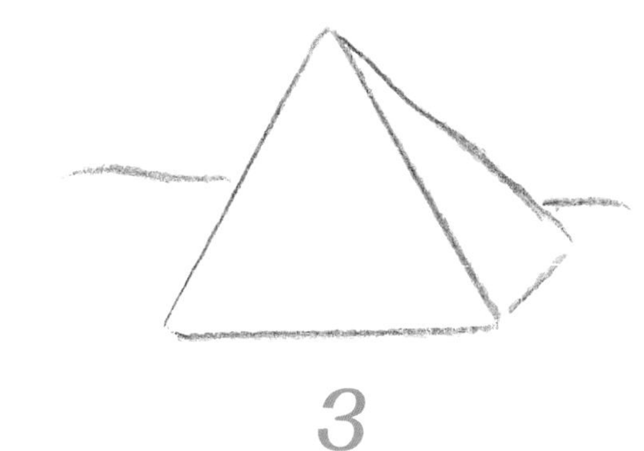

三角旗

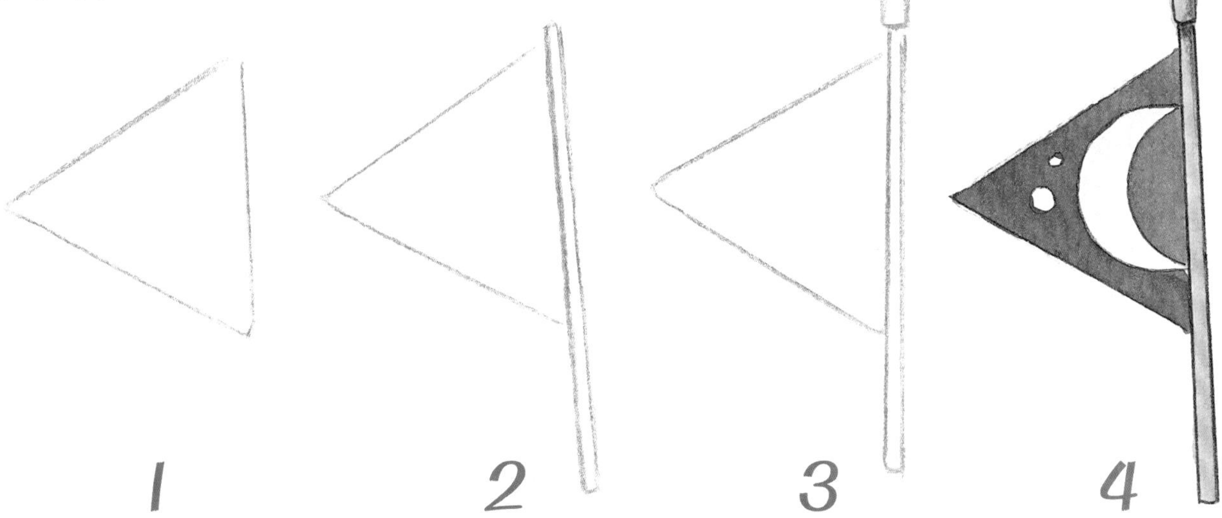

圓錐形帳篷

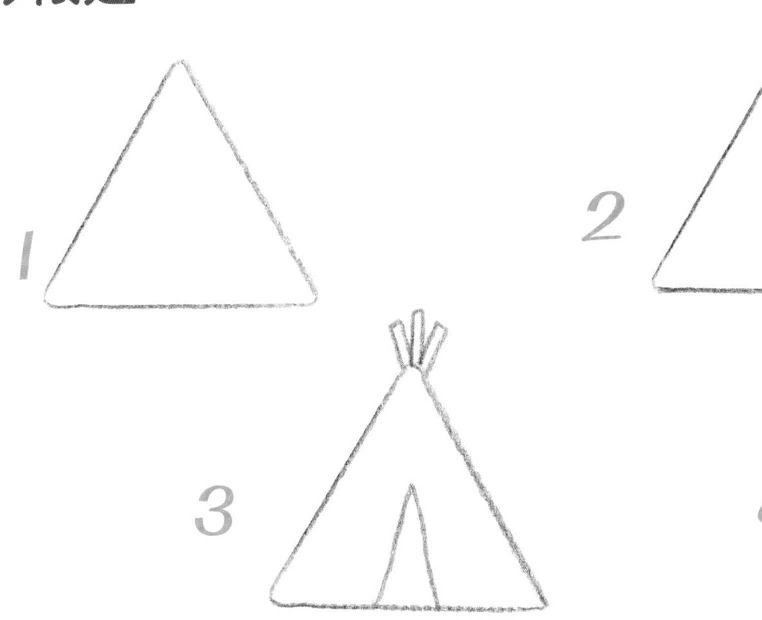

三角錐形帳篷

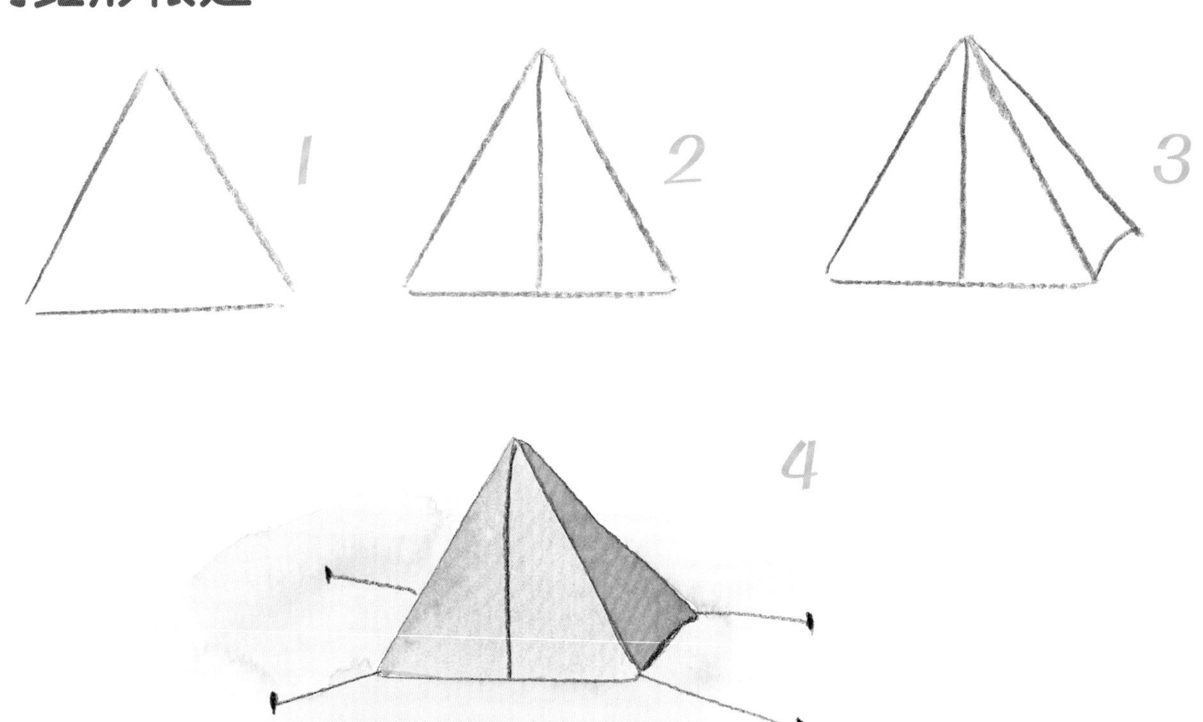

翻轉過來！

百合花

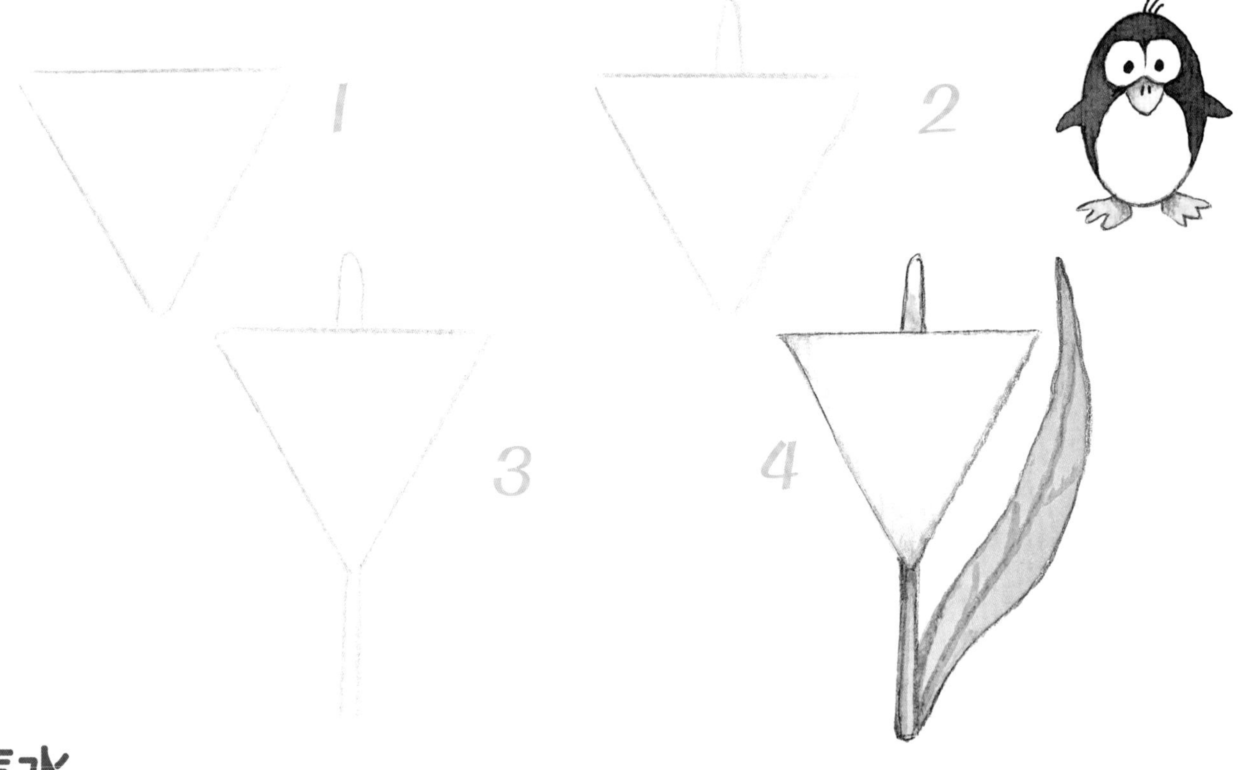

汽水

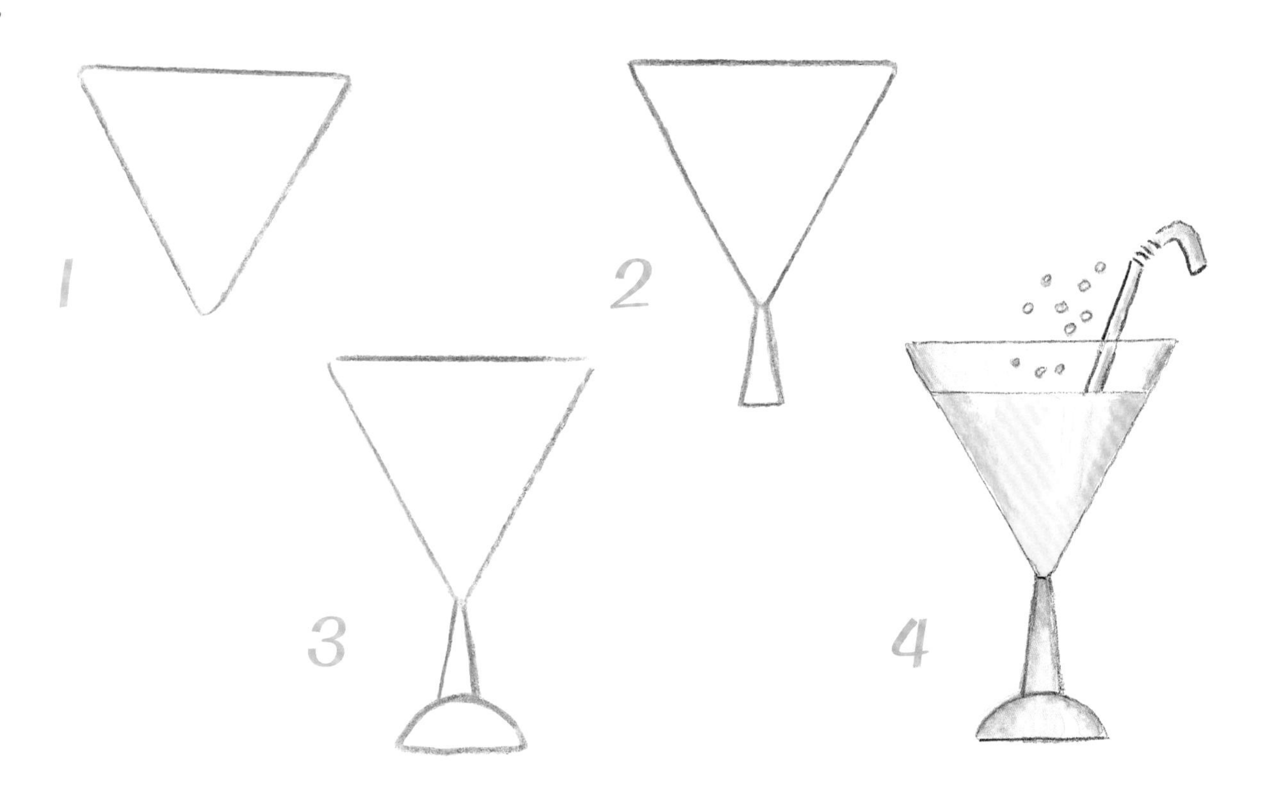

三角鐵

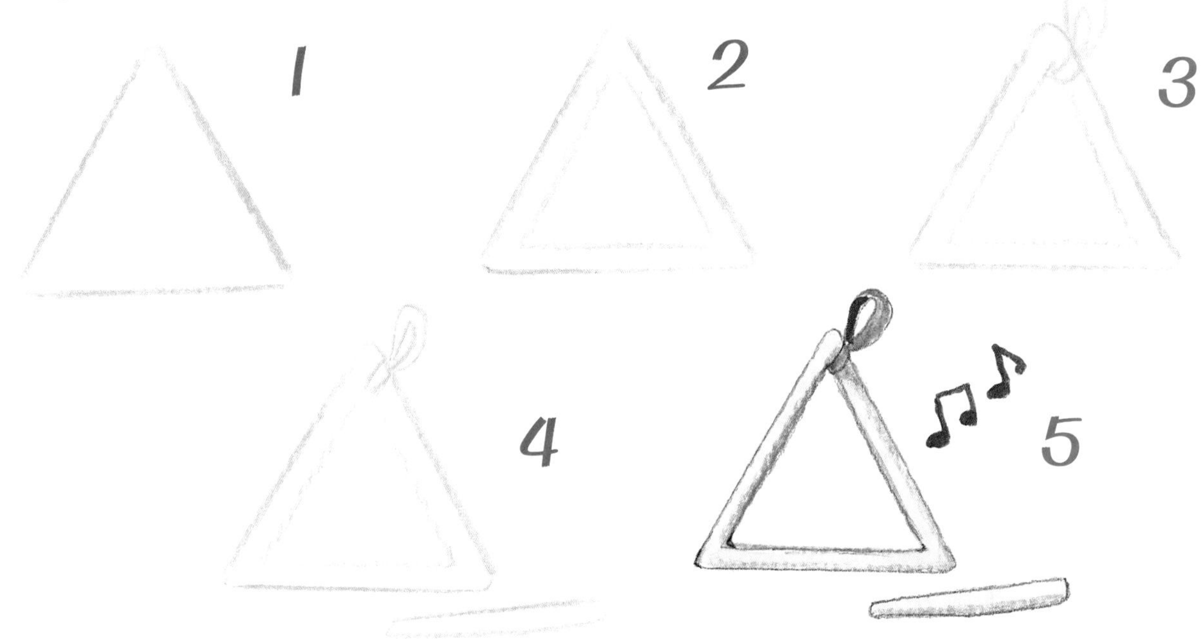

小屋

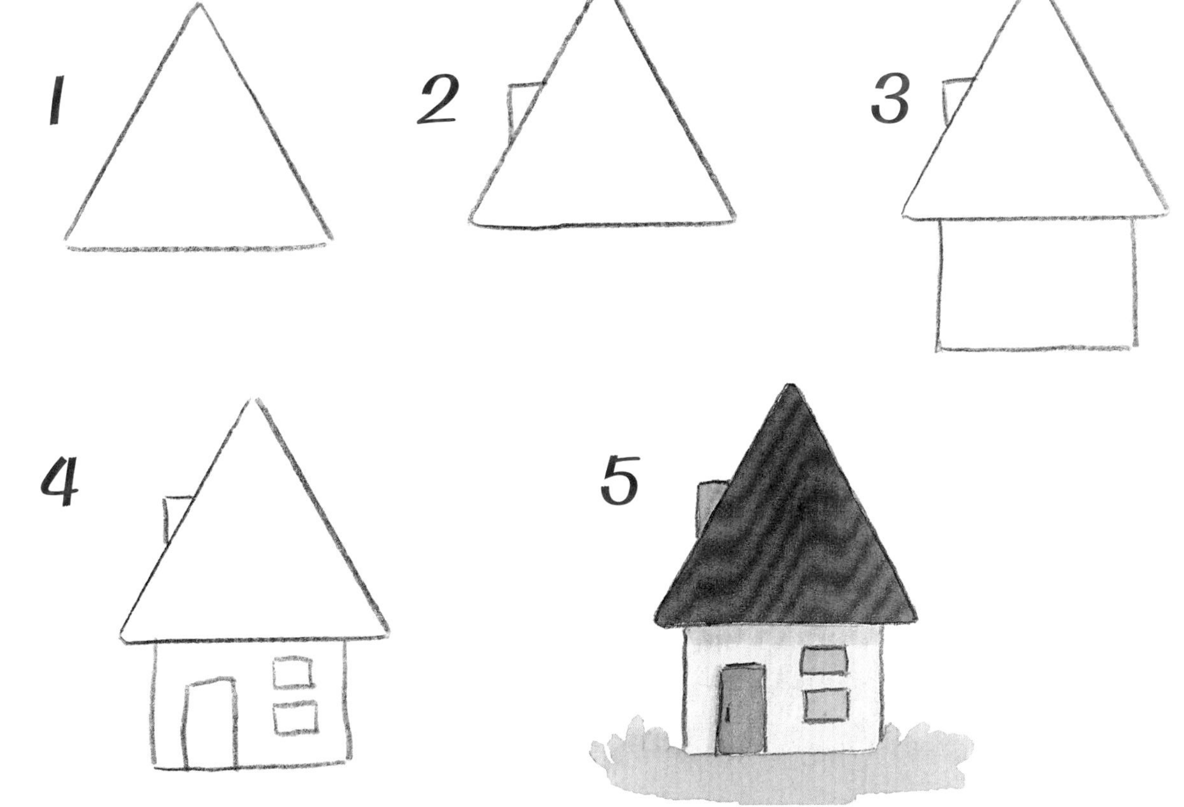

等腰三角形

圖形小檔案
等腰三角形的兩邊邊長相等。

雪糕

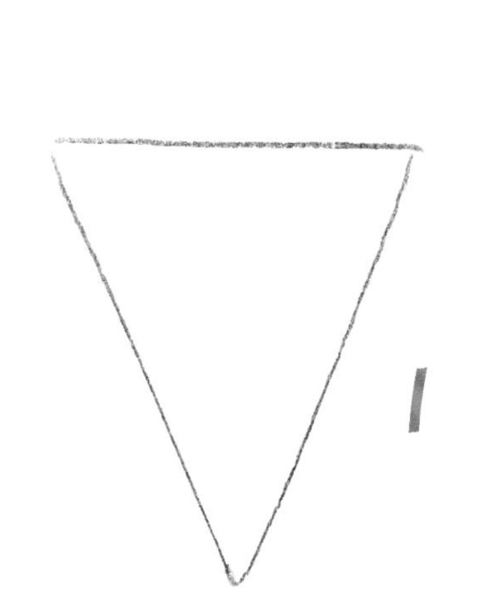

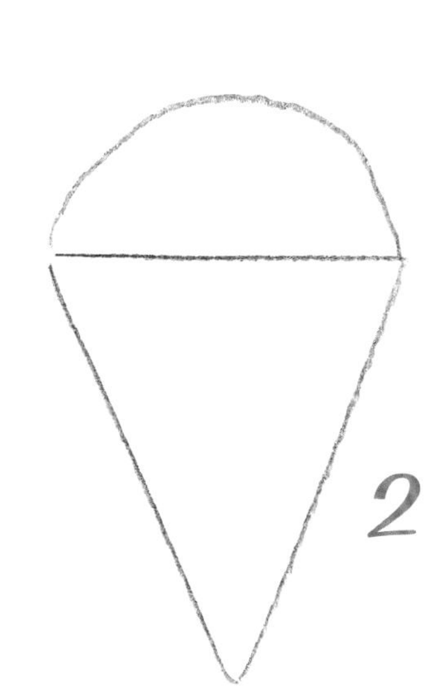

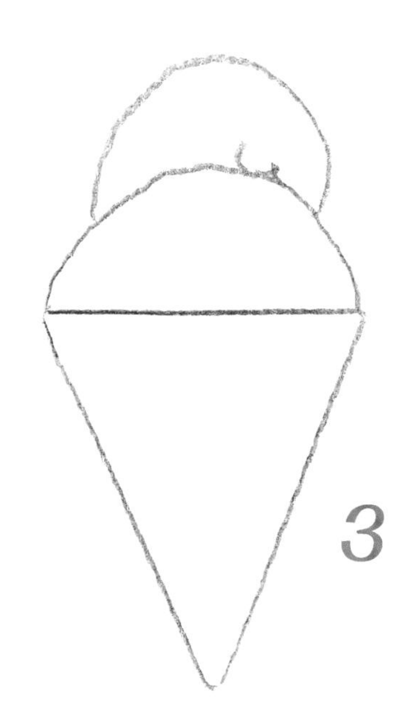

只需用6個步驟嘗試繪畫

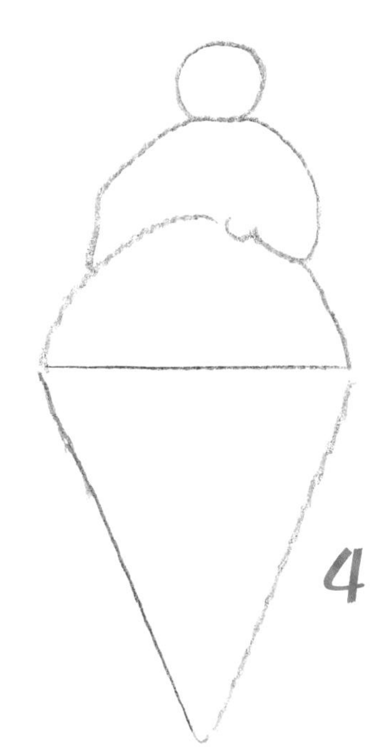

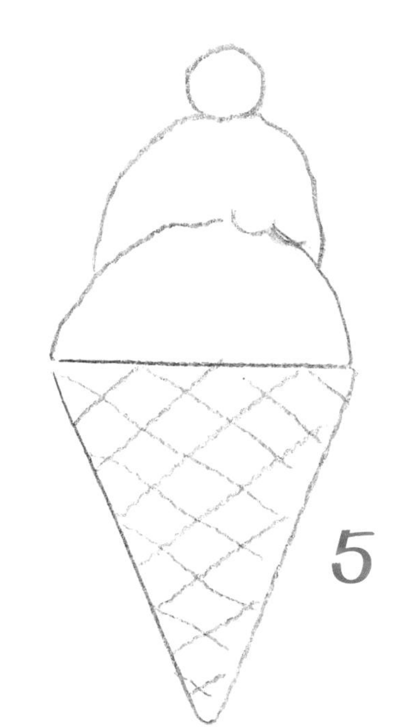

火箭

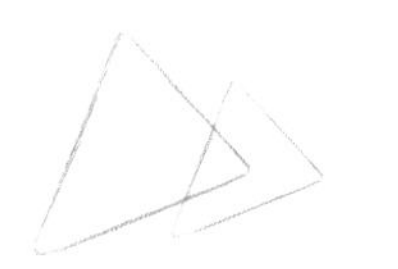

魚骨

望右……

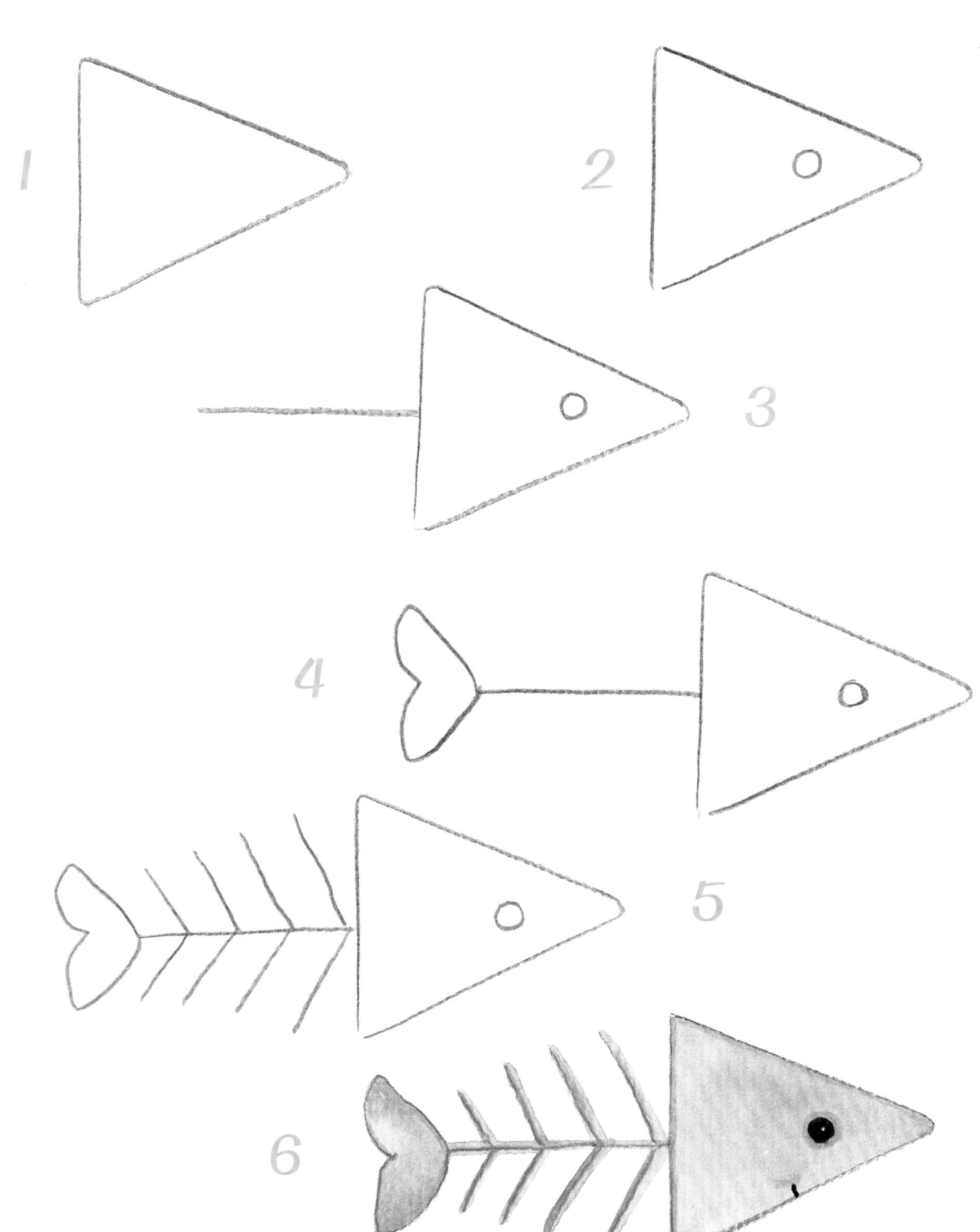

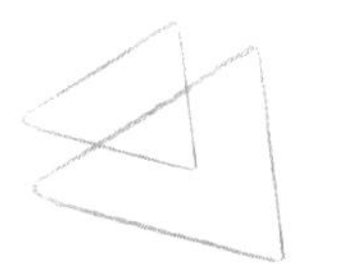

聖誕樹

1

2

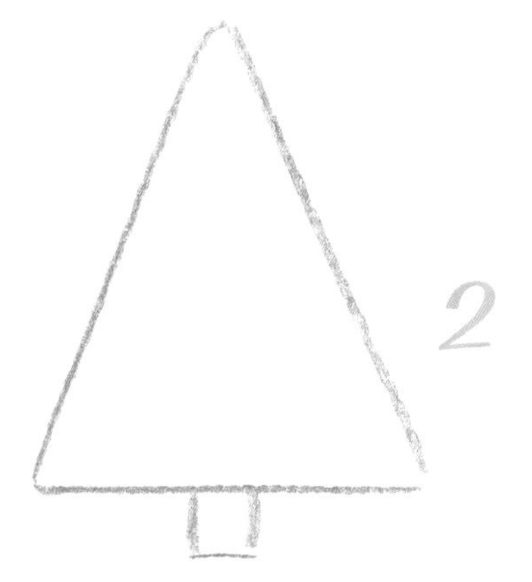

3

4

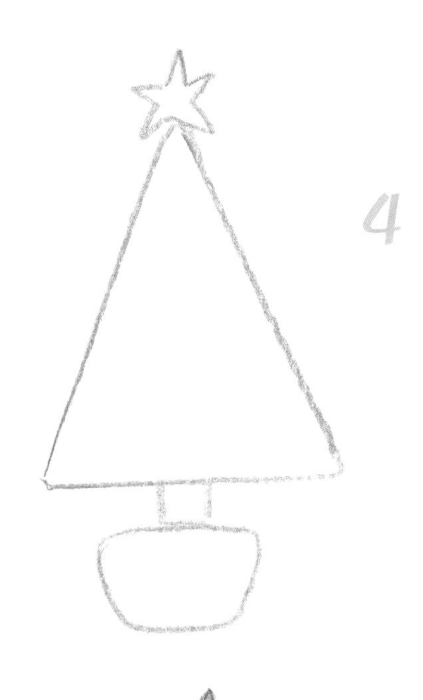

5

6

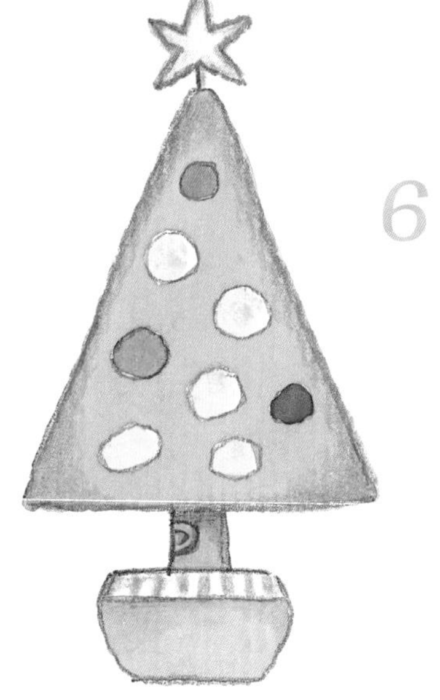

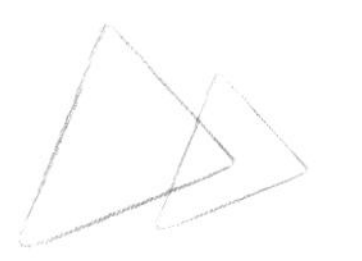

芝士

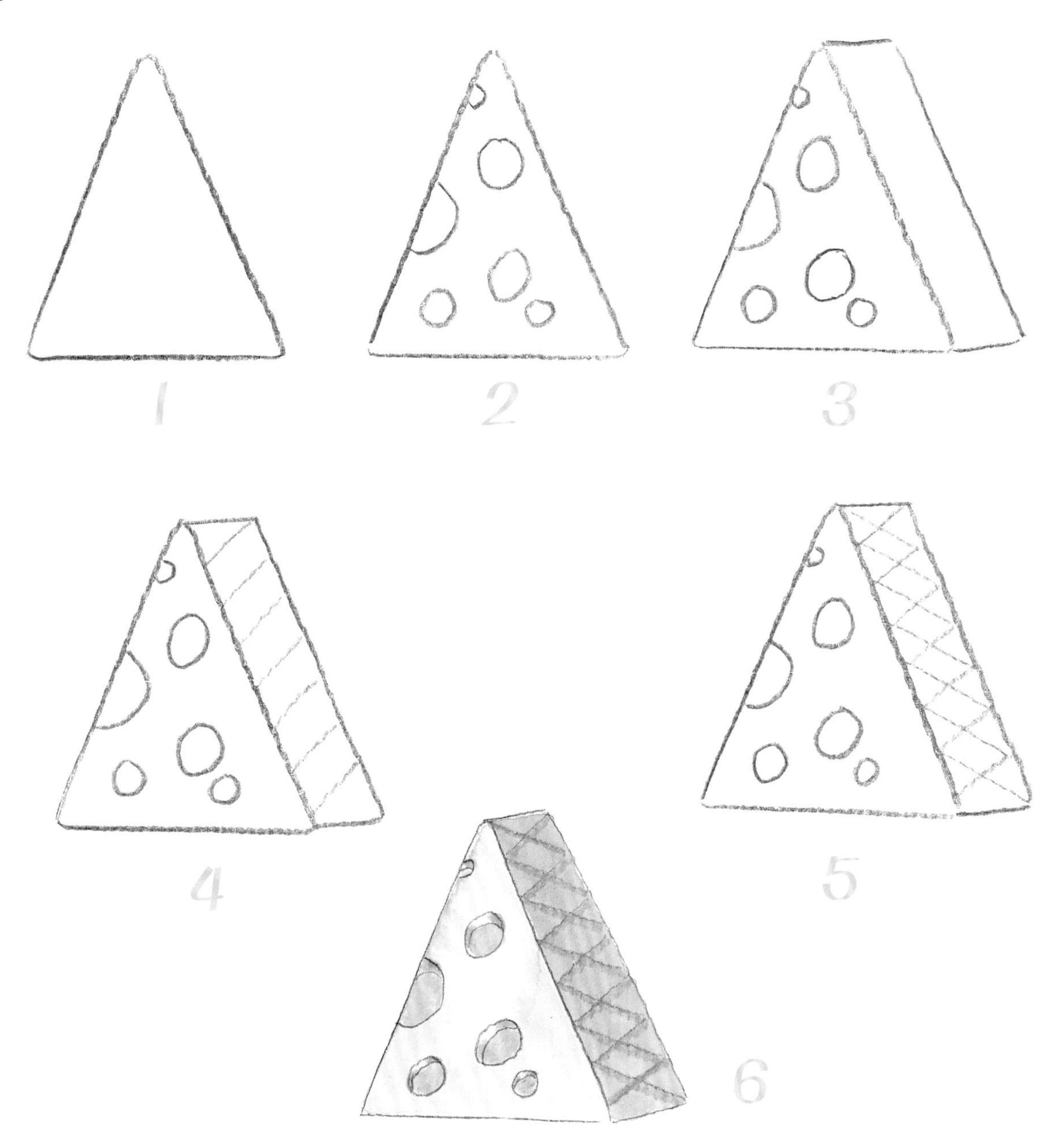

這些小孔讓芝士看起來與一件
檸檬蛋糕完全不同。

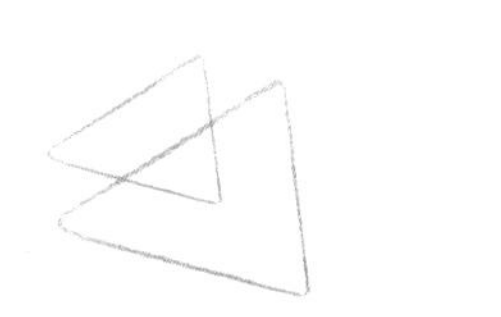

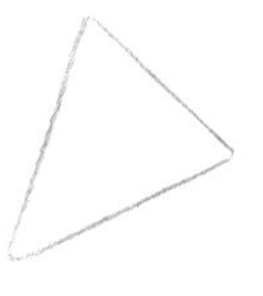

三明治

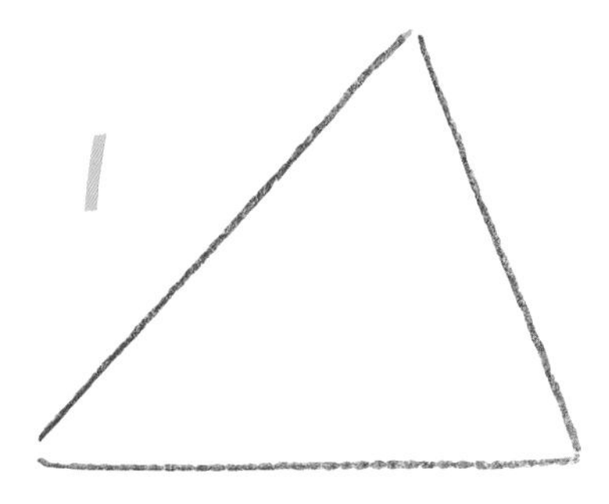

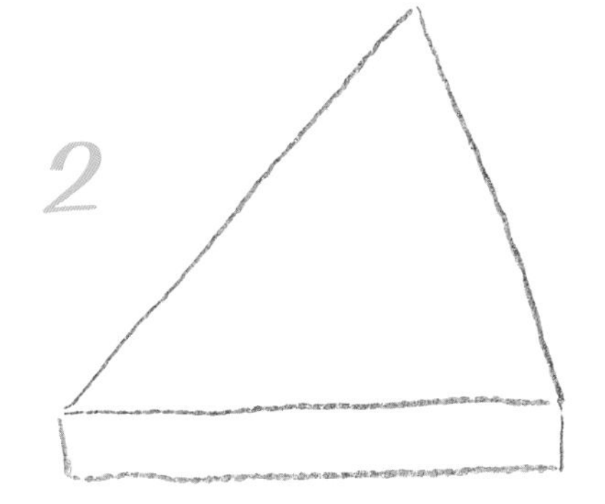

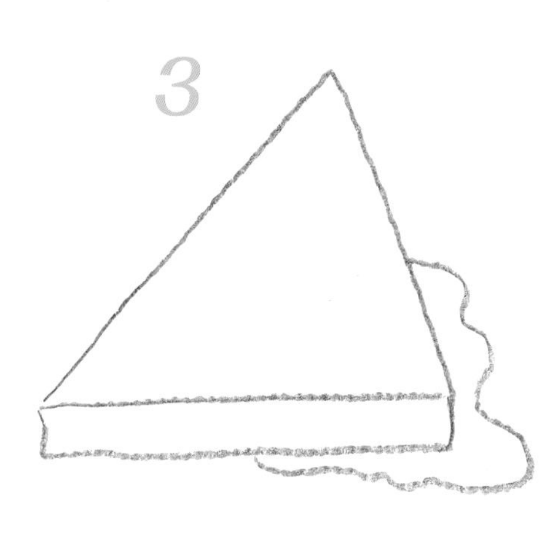

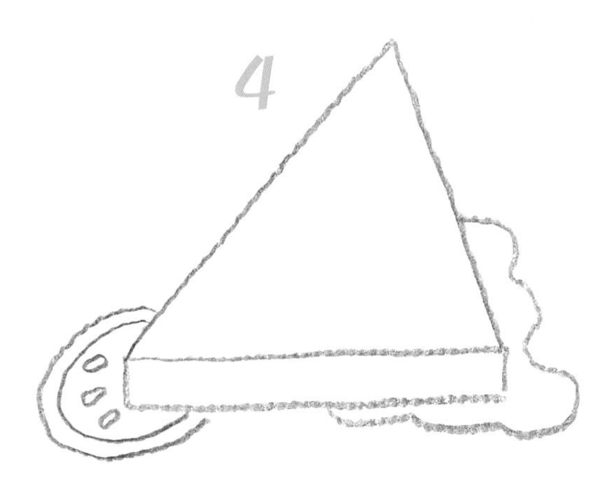

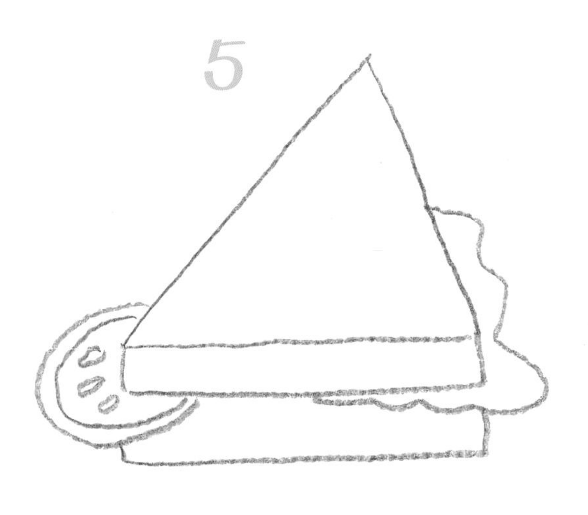

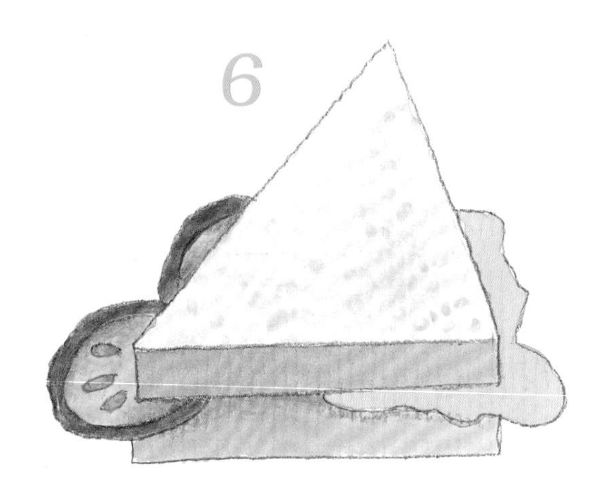

正方形

圖形小檔案
正方形的四邊相等，
四個角都是直角。

筆記本

1

2

3

4

5
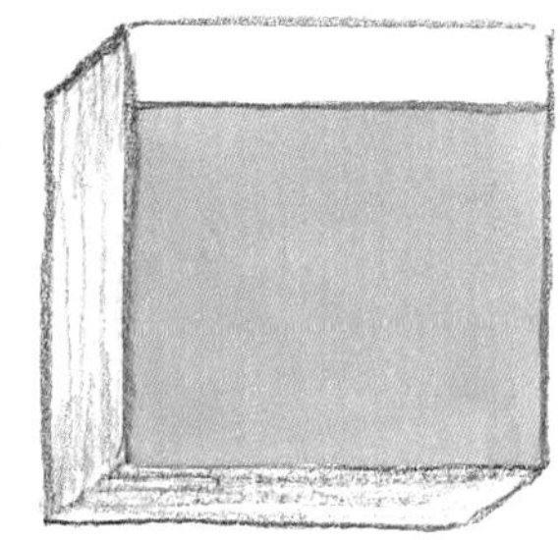

禮物

1

2

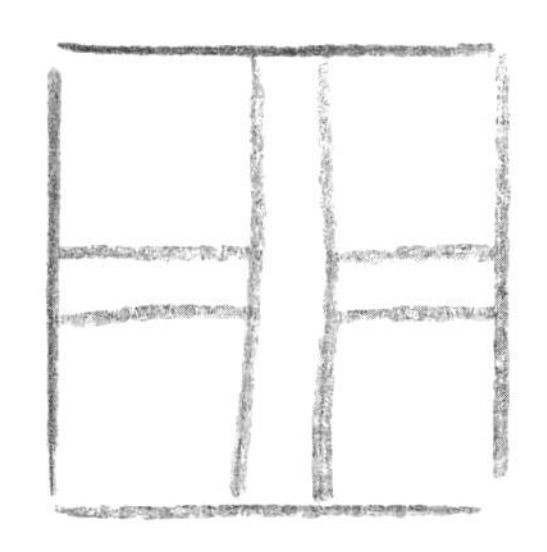
3

加上一些點綴，讓你的禮物包裝紙與眾不同。這份禮物是給誰的呢？

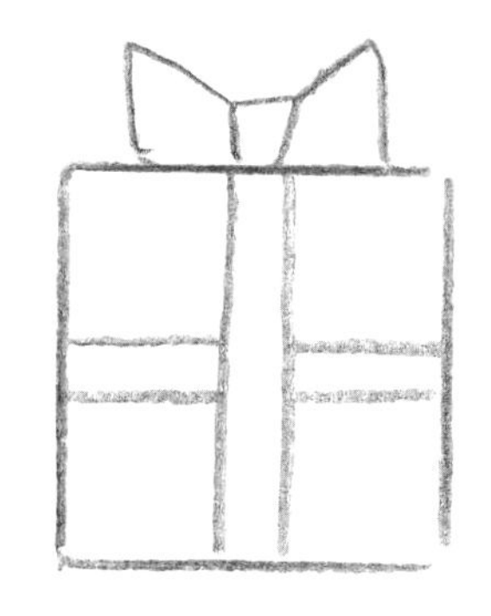
4

5

煮食鍋

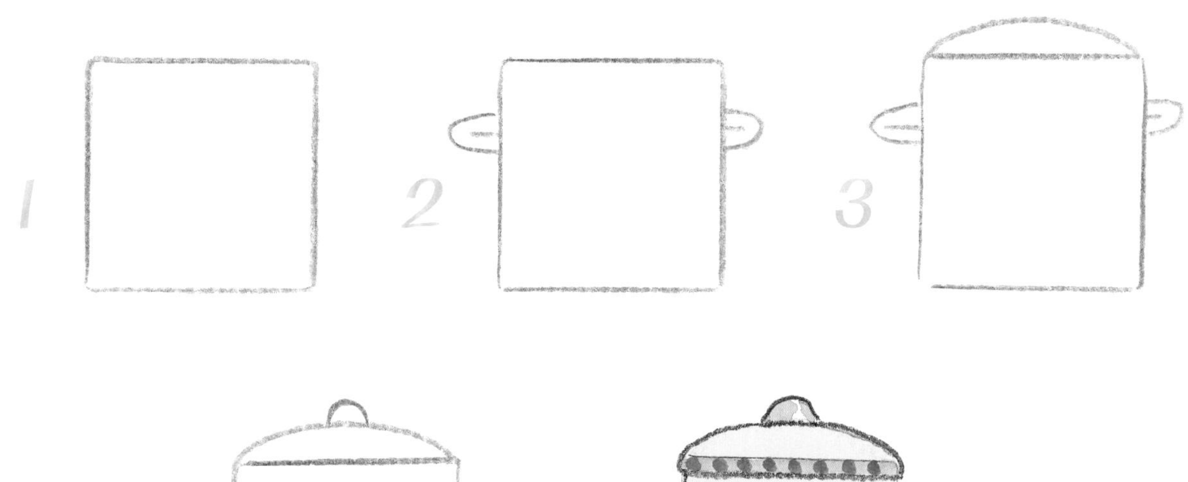

運煤車

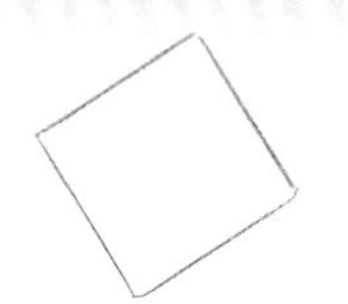

紙箱

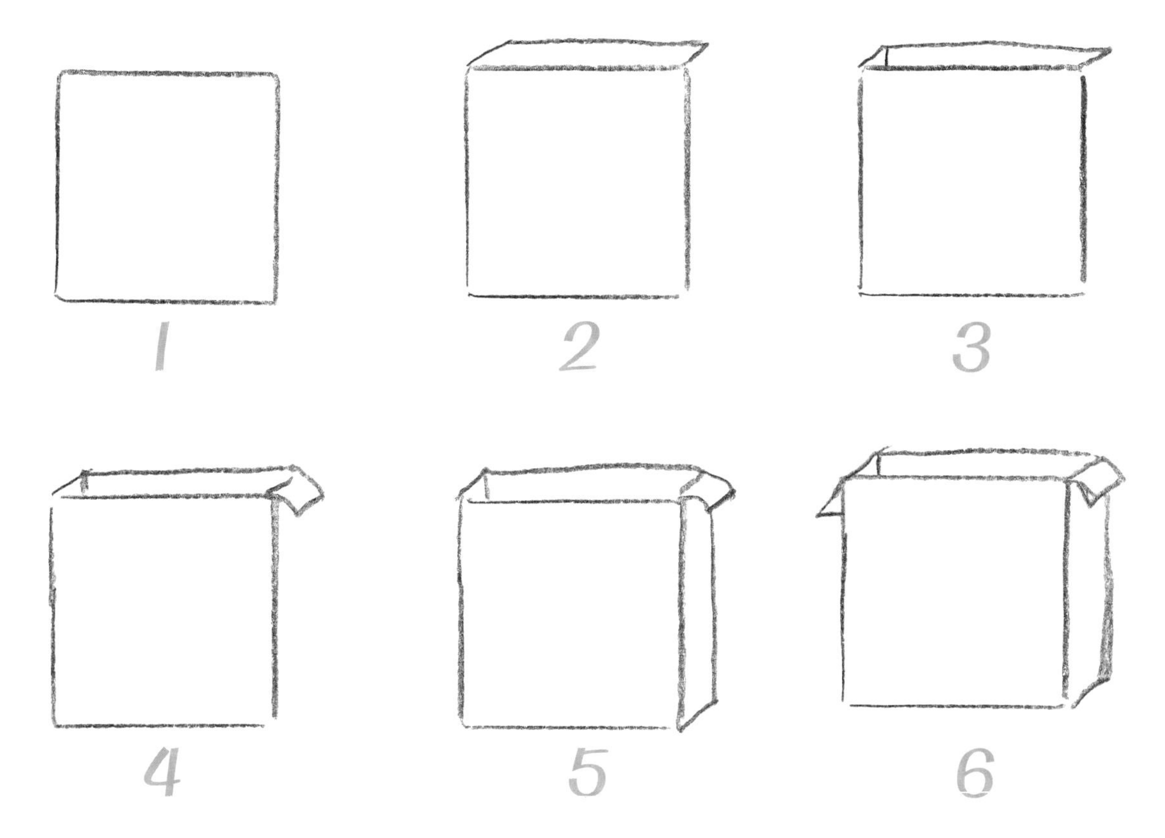

我們能夠用7個步驟嘗試繪畫嗎？

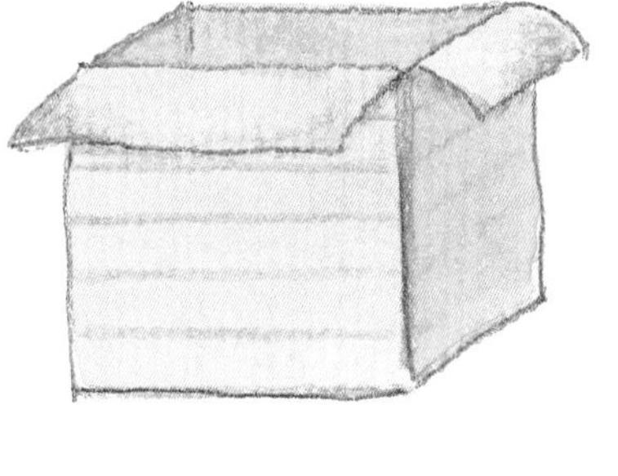

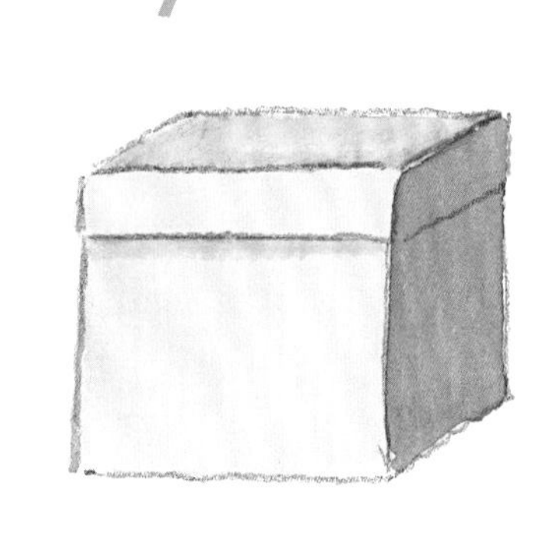

改變正方形的邊長，就可繪畫所有不同大小的盒子。

噴壺

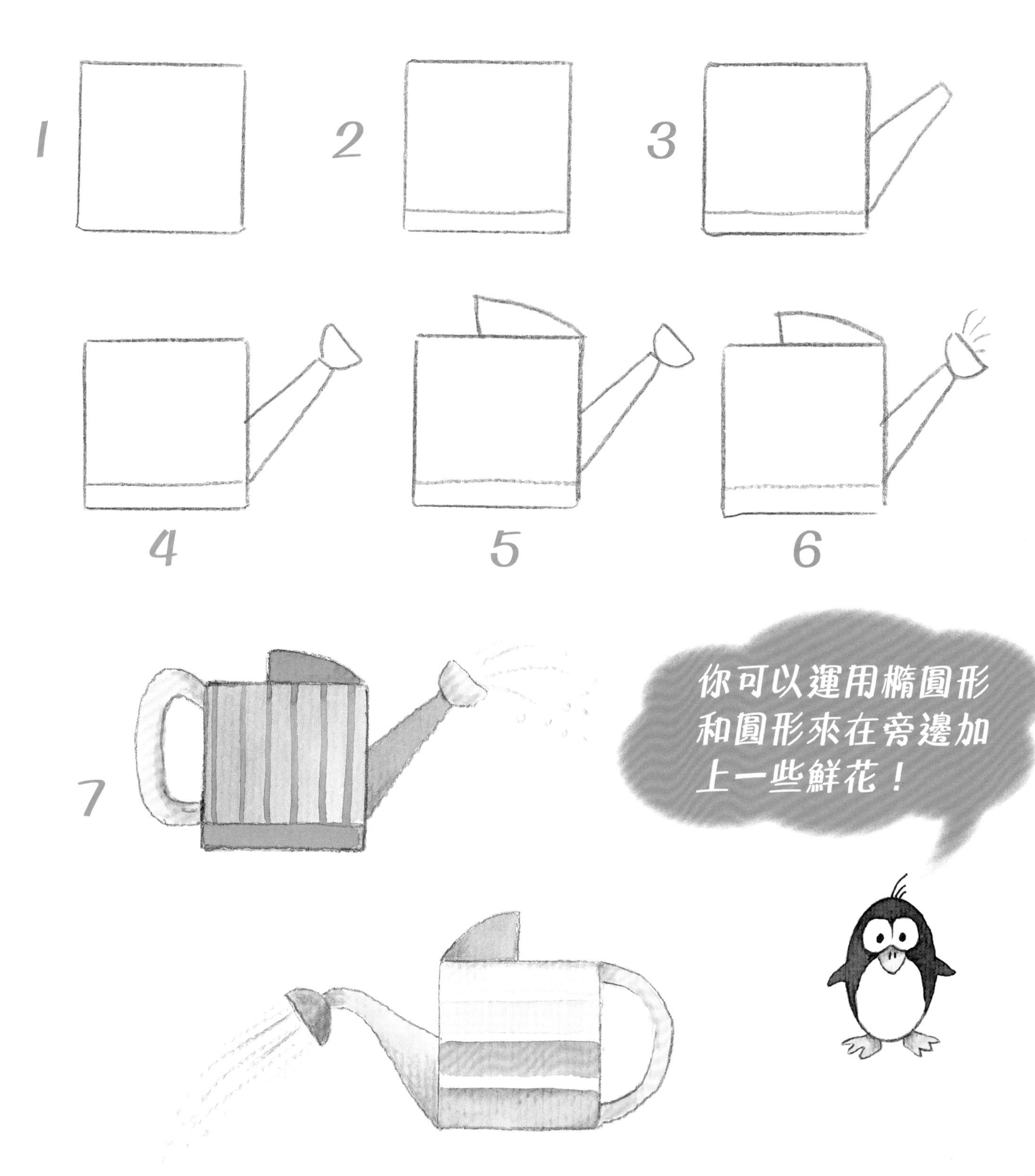

1
2
3
4
5
6
7
你可以運用橢圓形
和圓形來在旁邊加
上一些鮮花！

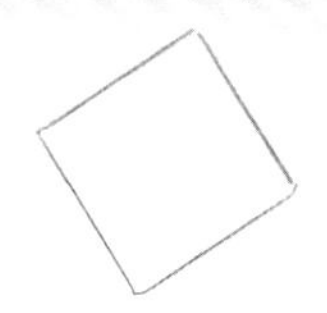

手提包

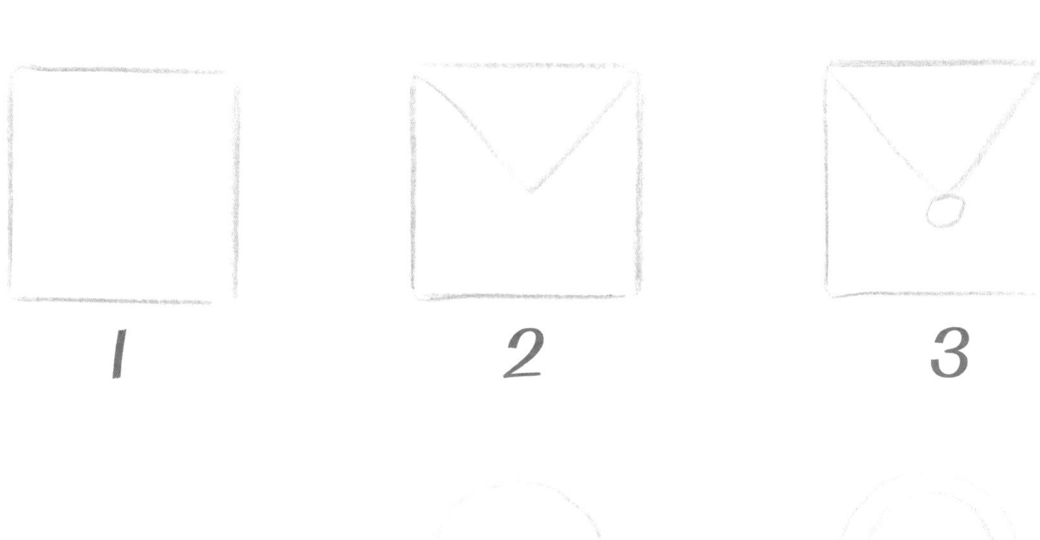

4

5

6

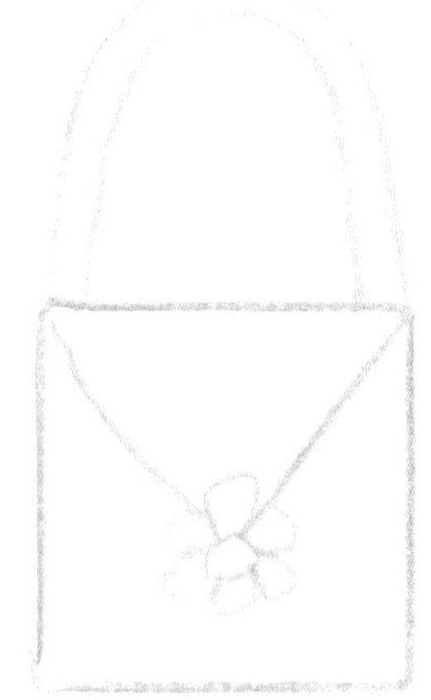

7

我們使用了三種幾何形狀來繪畫這個手提包。你能夠看到嗎？

玩偶盒

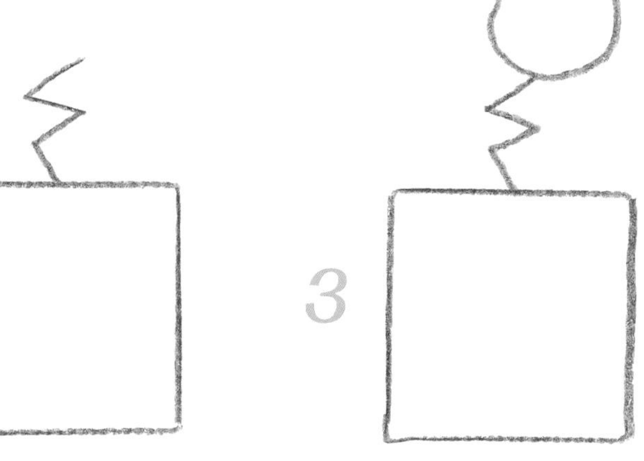

這玩偶嚇到了你嗎？

長方形

圖形小檔案
長方形的對邊相等，
四個角都是直角。

生日蛋糕

1

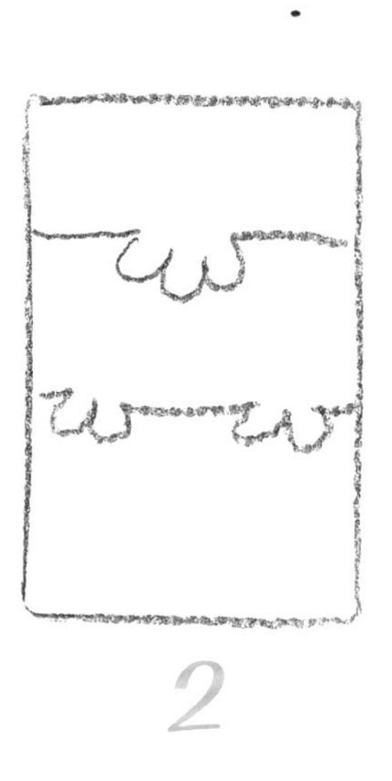

2

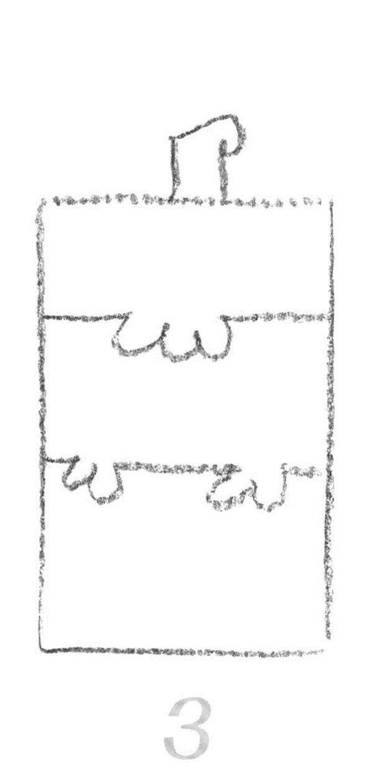

3

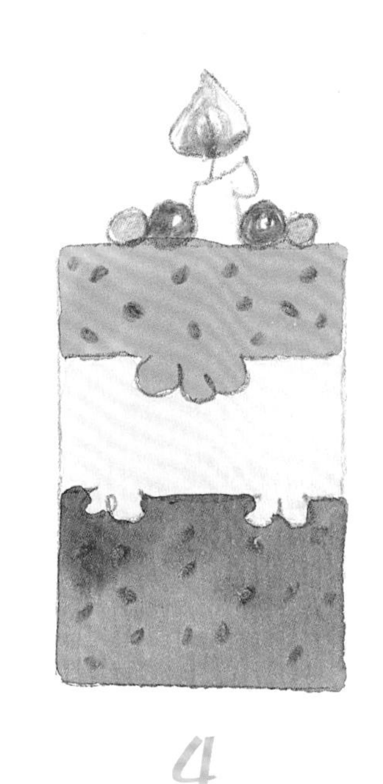

4

信封

1

2

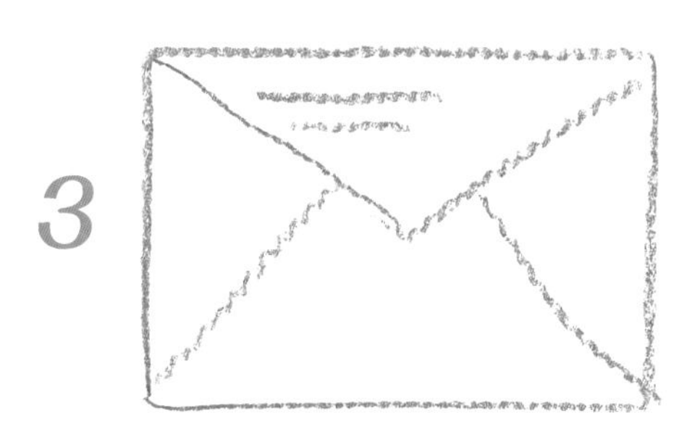

3

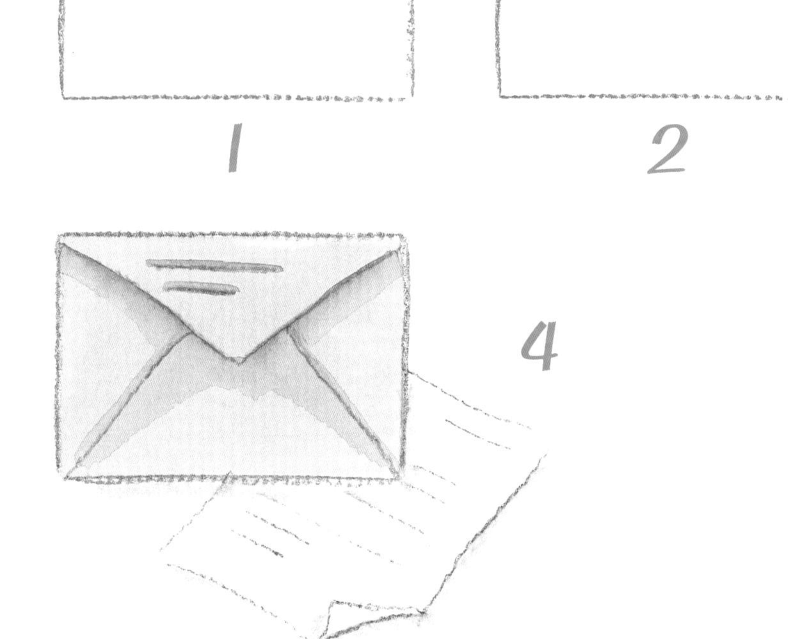

4

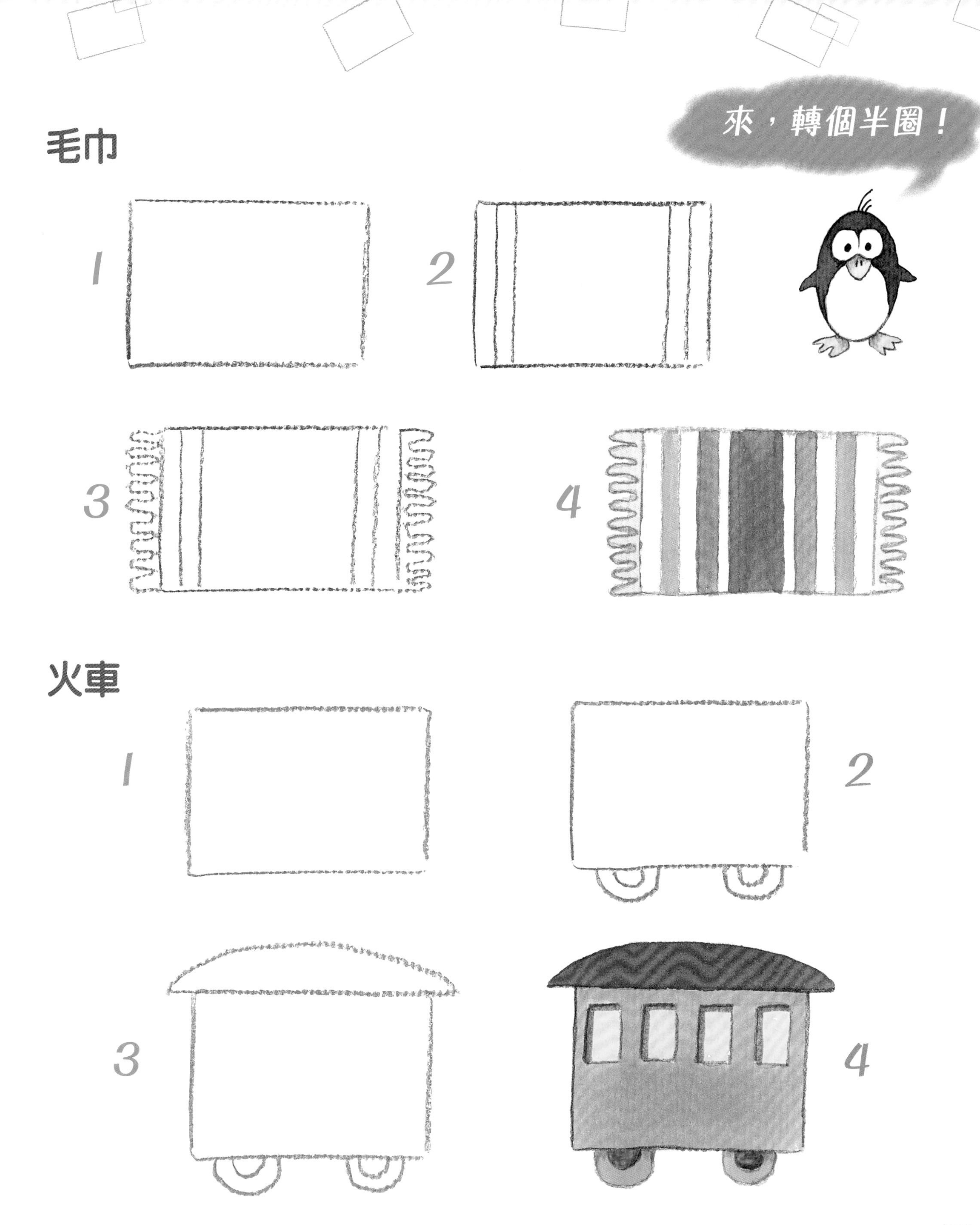
毛巾
來，轉個半圈！
1
2
3
4
火車
1
2
3
4

紅綠燈

我們用6個步驟繼續吧！

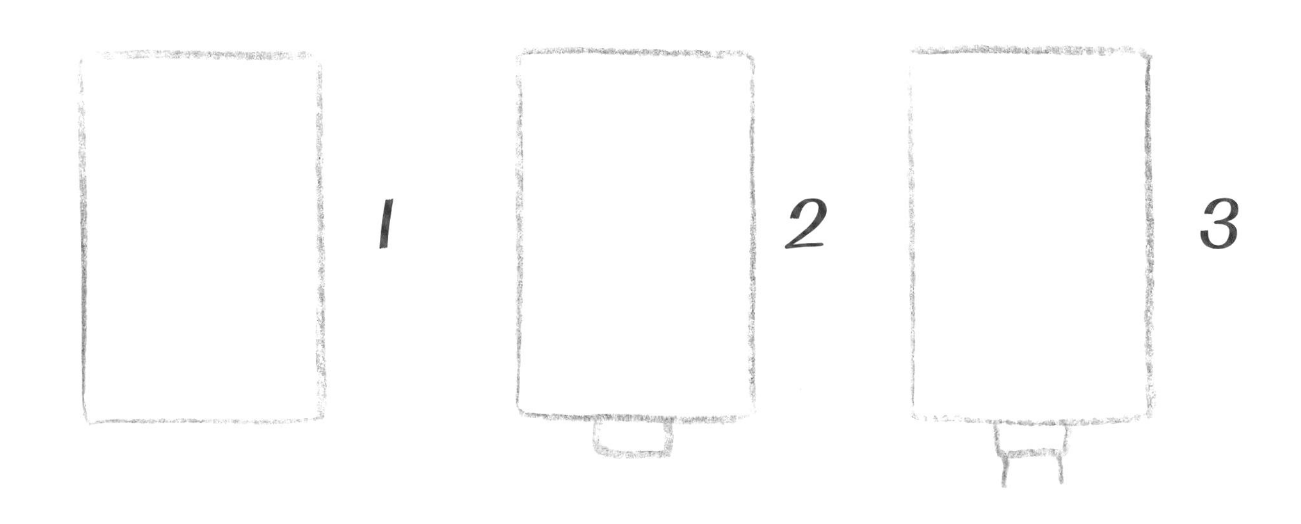

好的！將長方形再旋轉一下……

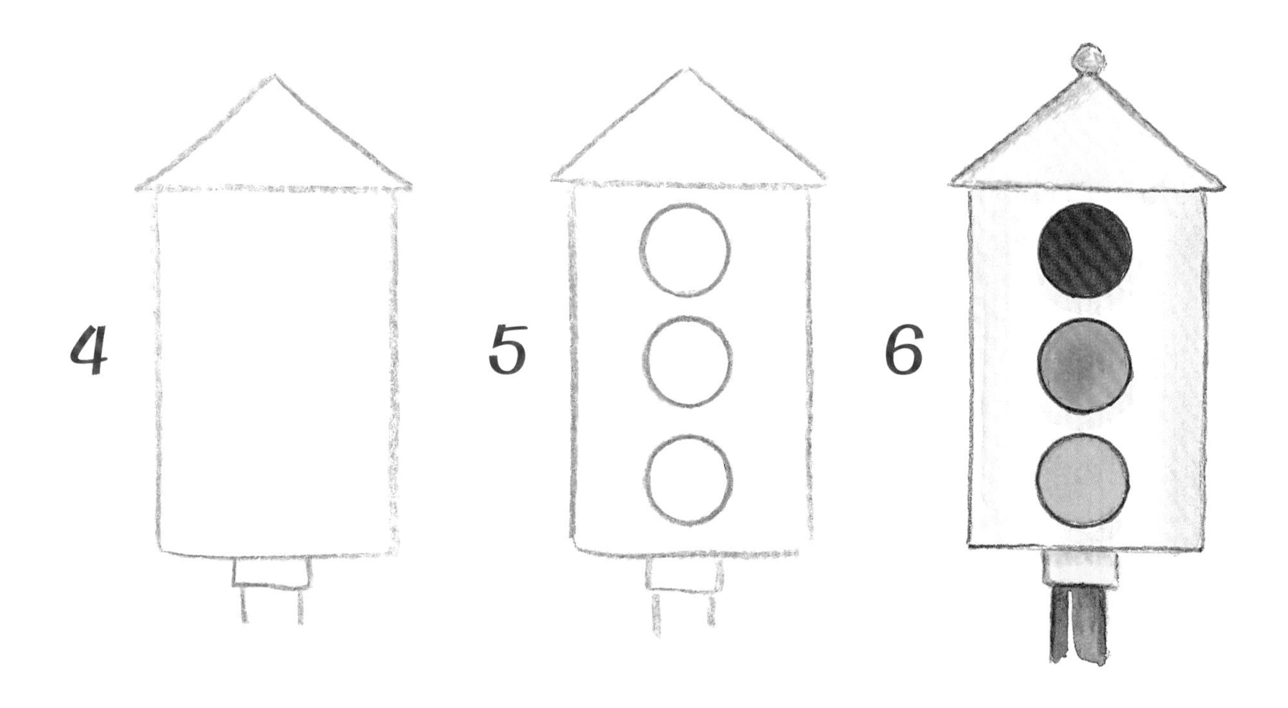

建築

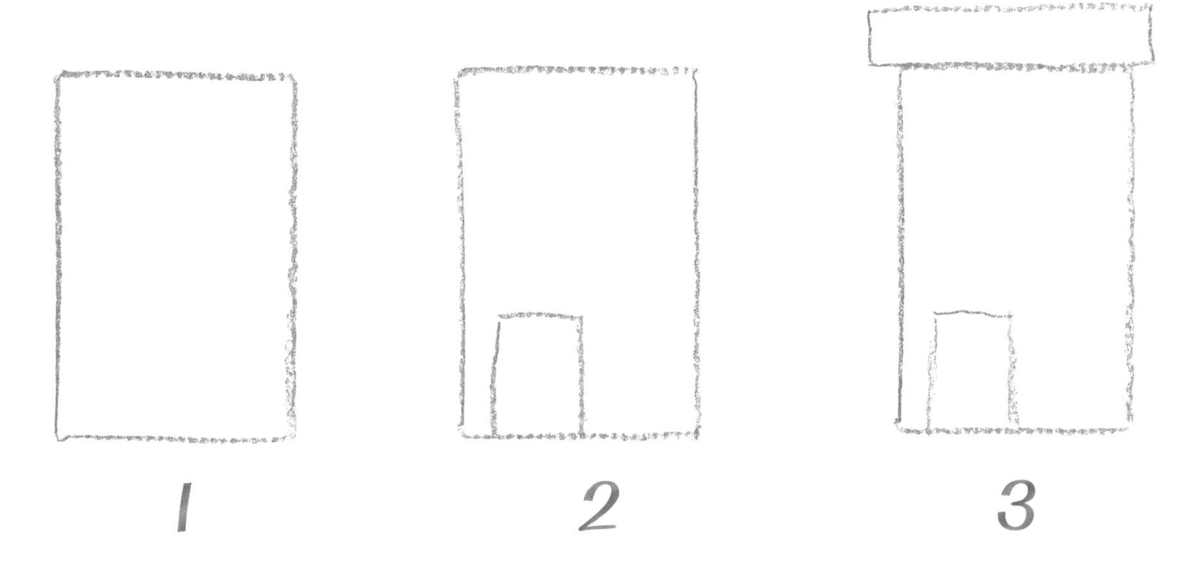

你只需要幾個長方形和正方形來興建你的建築。

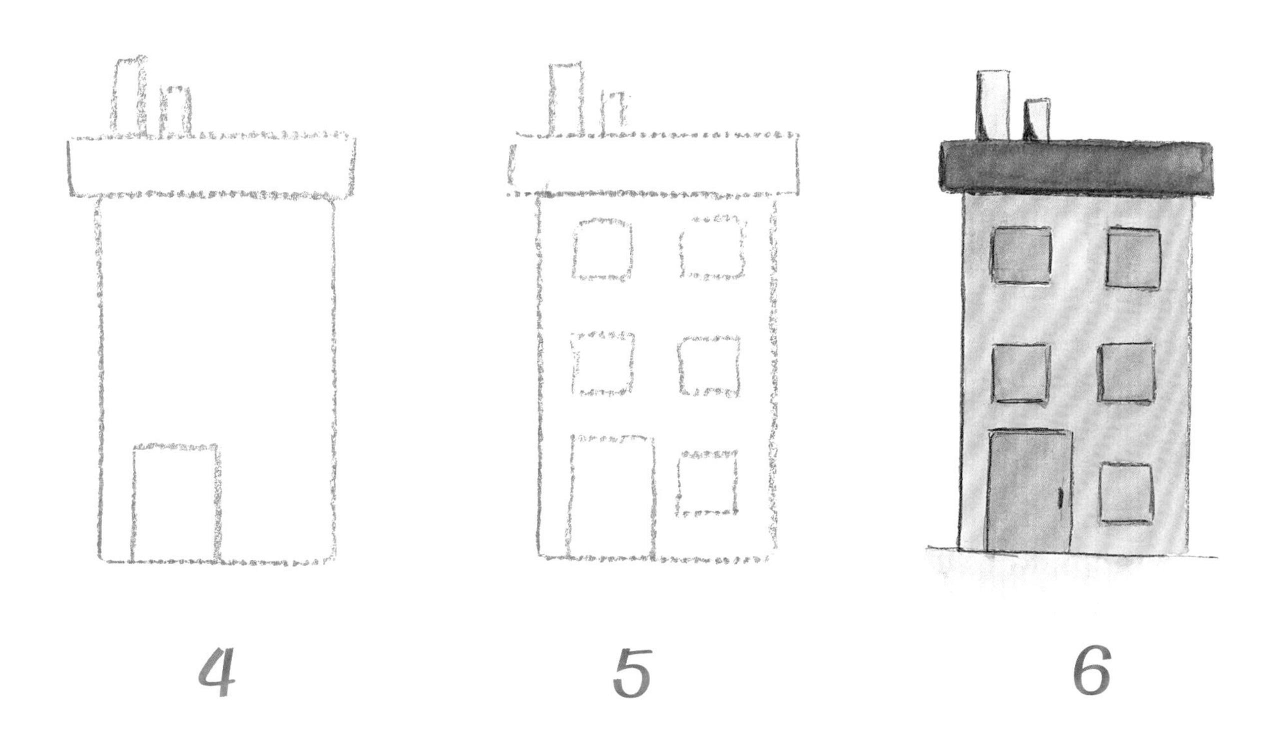

馴鹿

發揮創意，完成後再嘗試加上聖誕老人的雪橇吧！

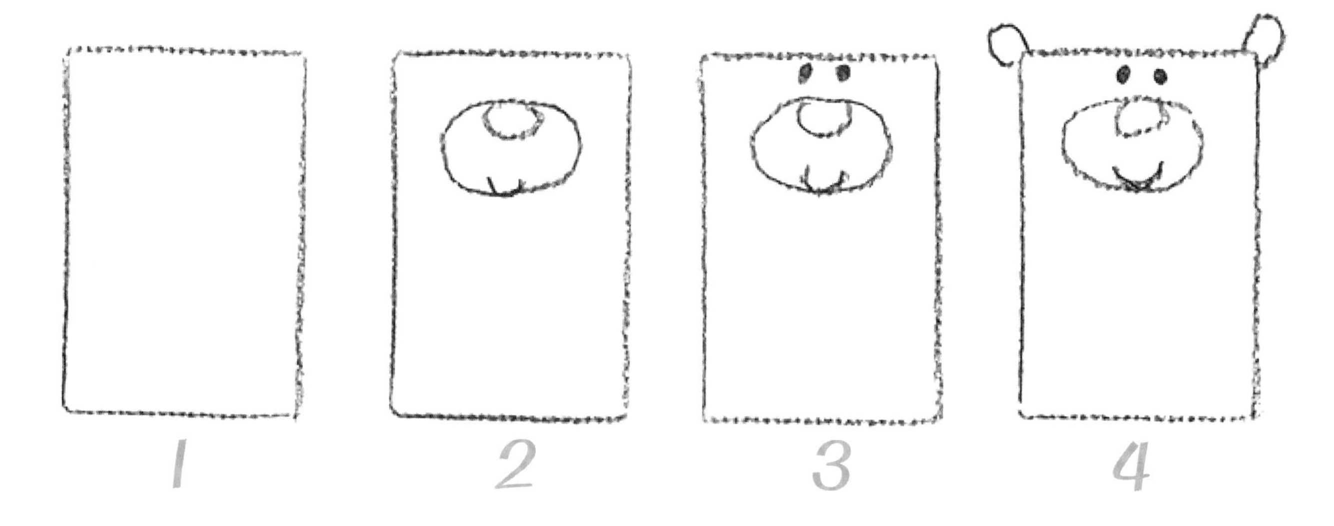

只需簡單的6個步驟來繪畫！

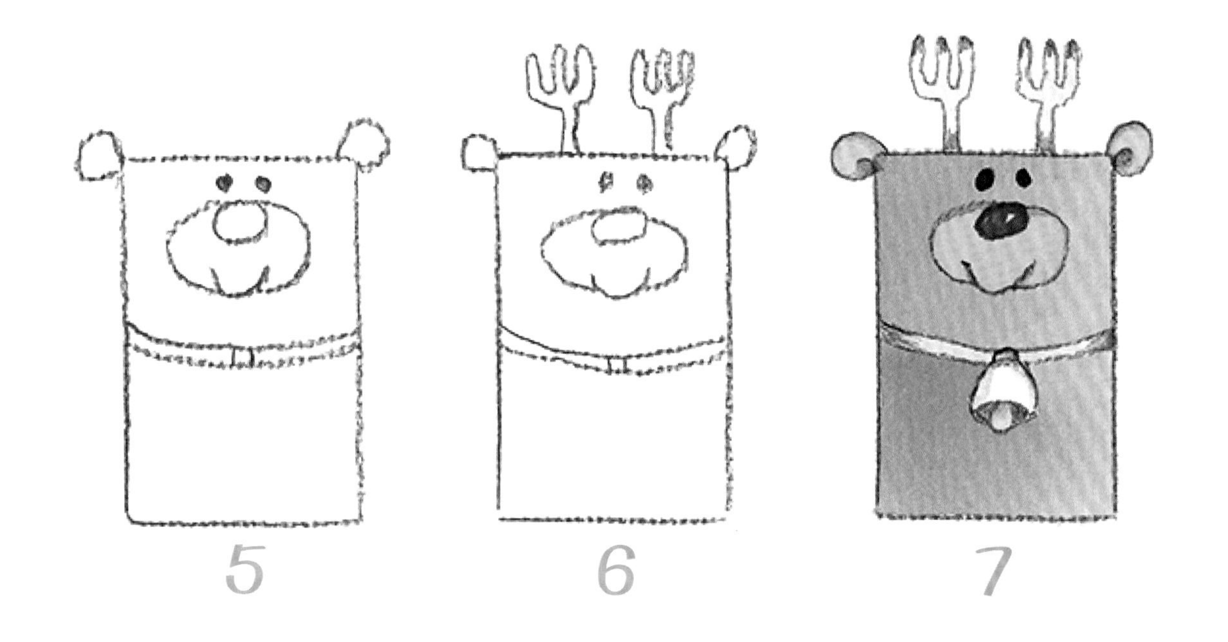

老虎

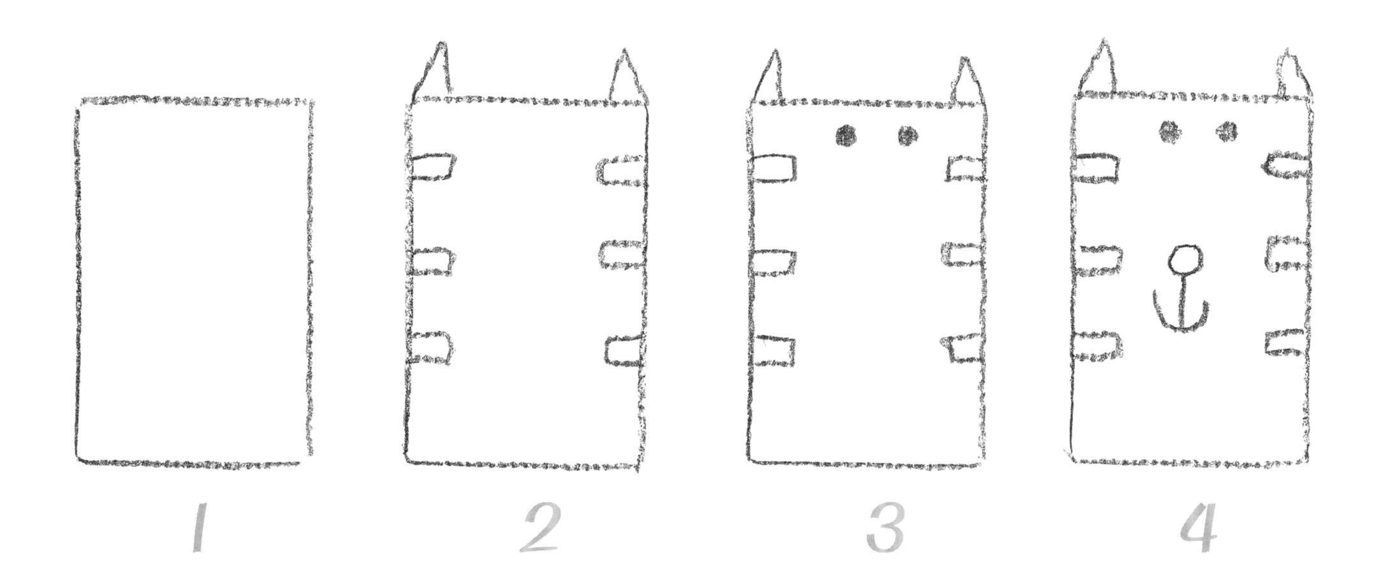

你可以用黃色的手工紙和剪刀，
製作精美的動物賀卡

梯形

圖形小檔案

梯形是只擁有一組對邊平行的四邊形。

蛋糕

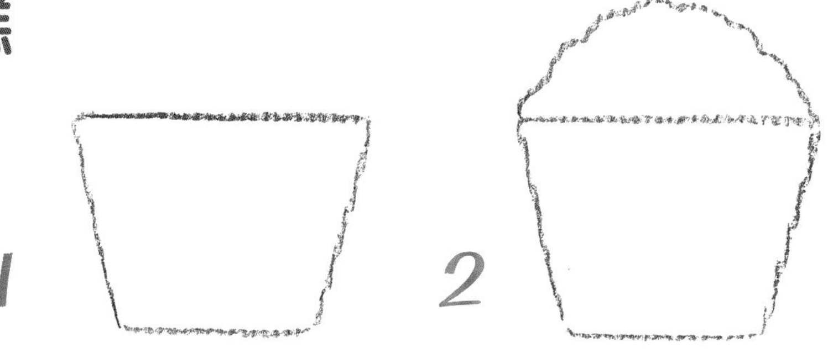

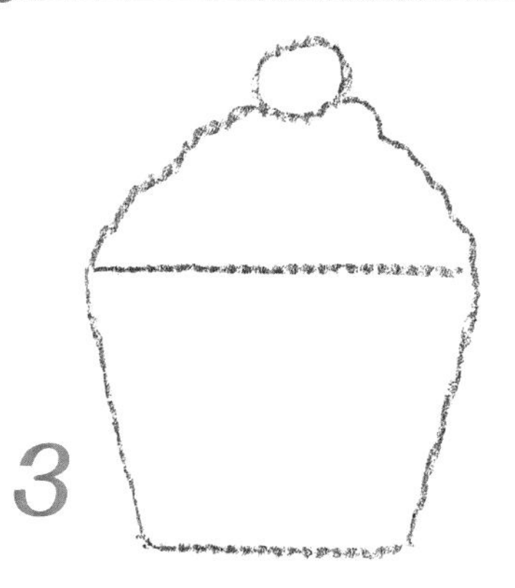

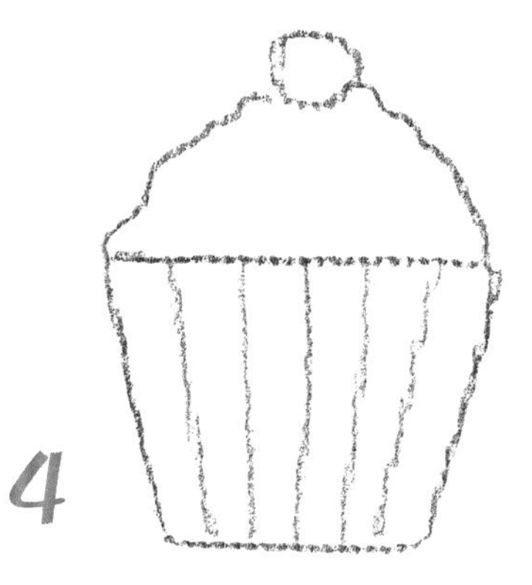

布丁

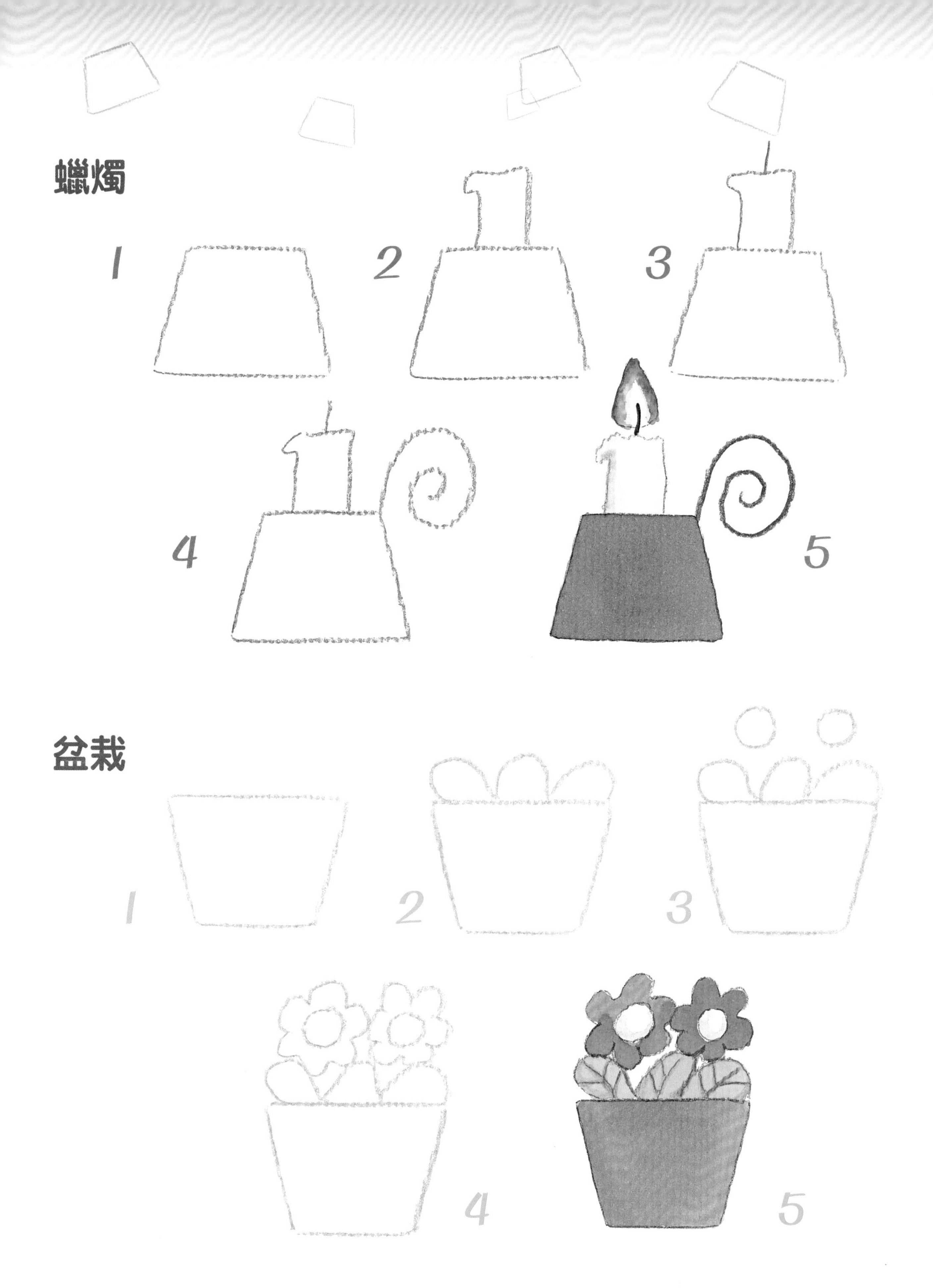
蠟燭
1
2
3
4
5
盆栽
1
2
3
4
5

塔

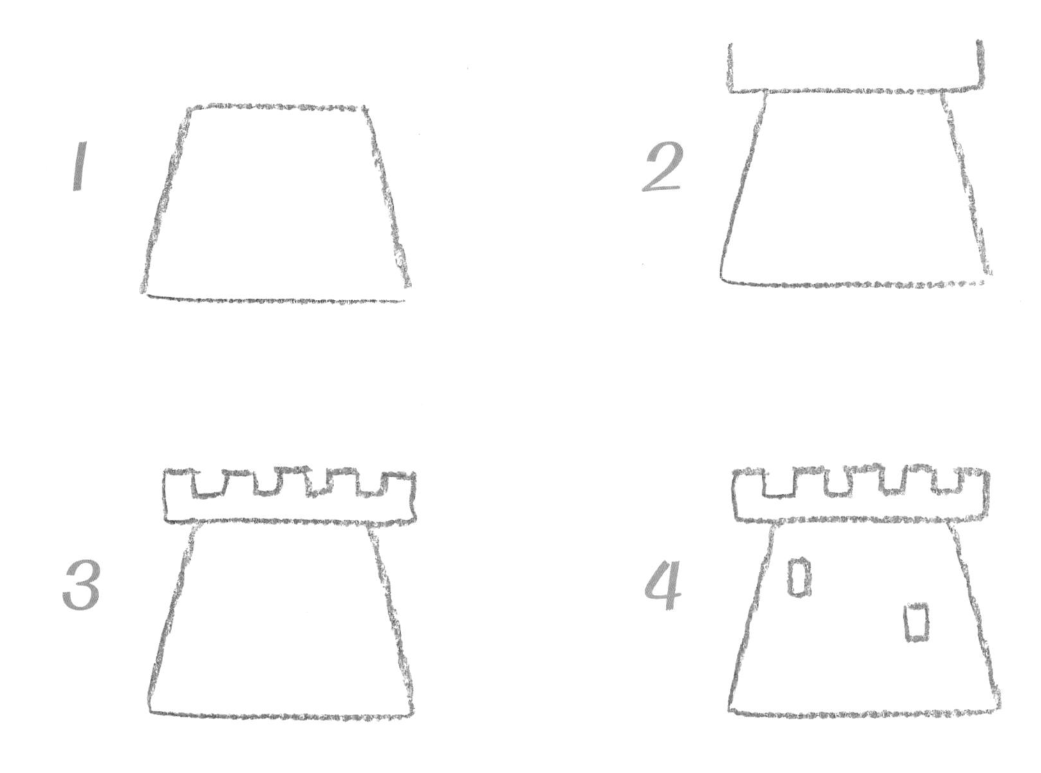

現在，只需用6個步驟來繪畫！

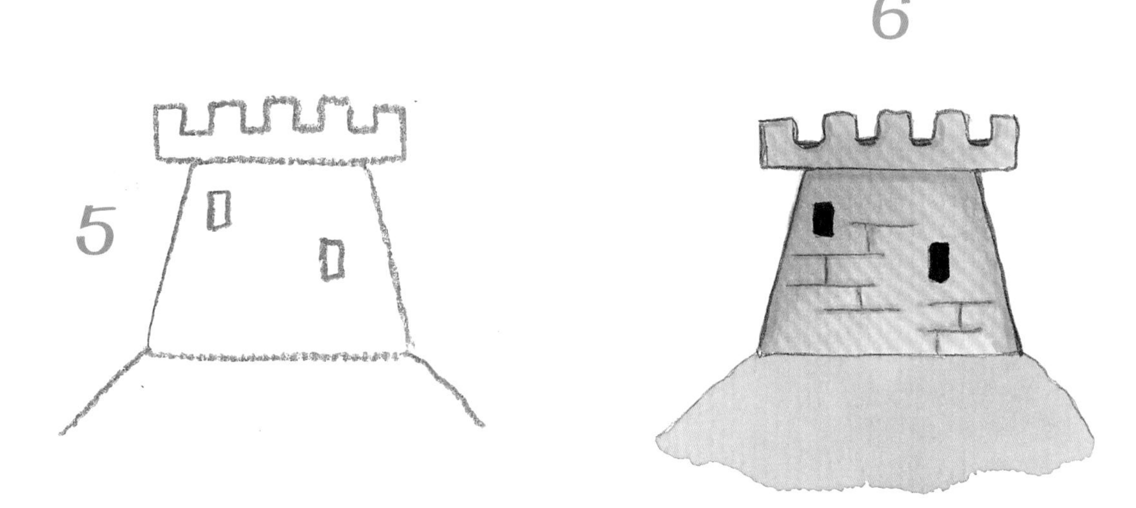

水桶

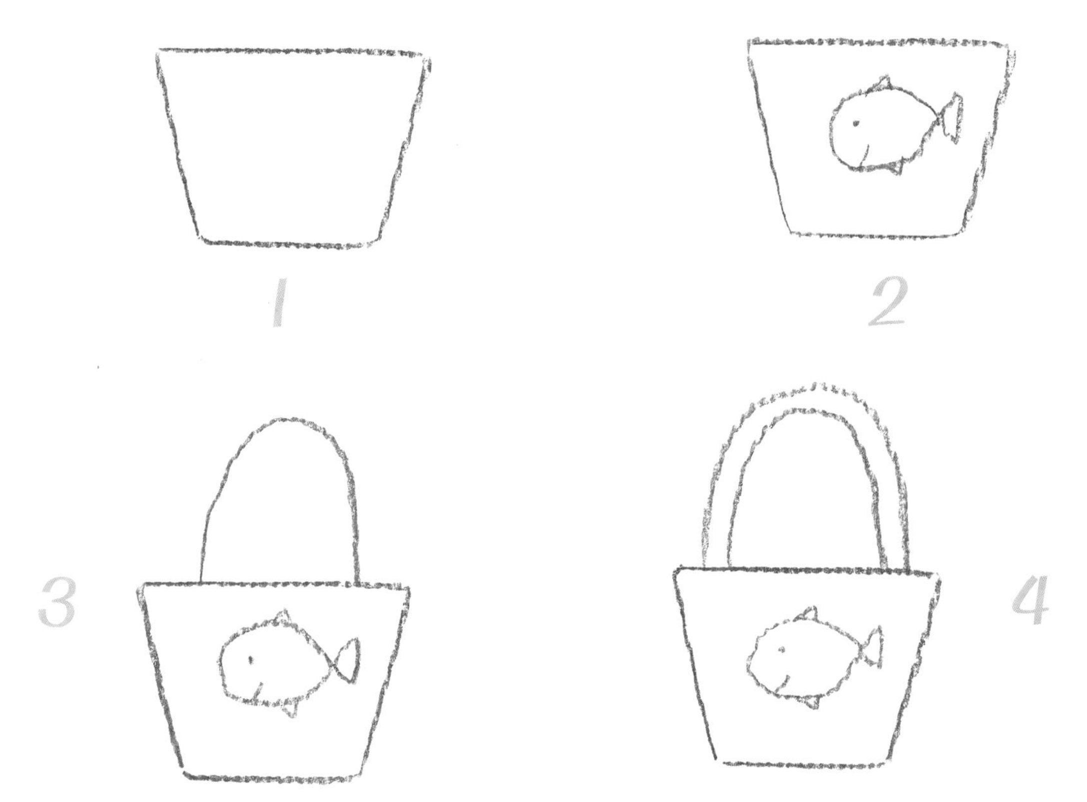

你可以在水桶畫上蘑菇，而不是魚（翻看第8頁）。
你會把水桶帶到哪裏去呢？

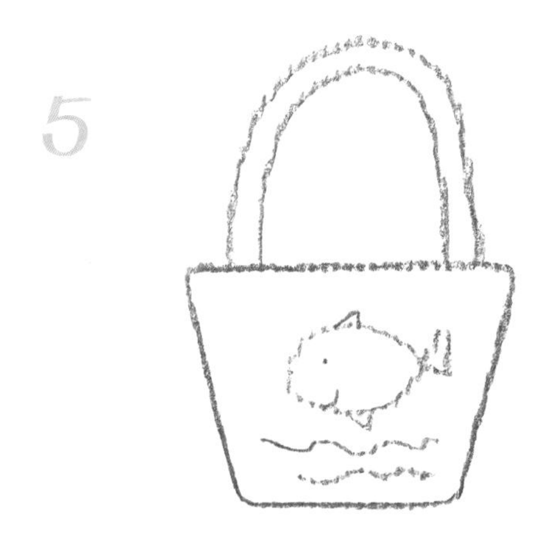

鯊魚

不用害怕鯊魚！

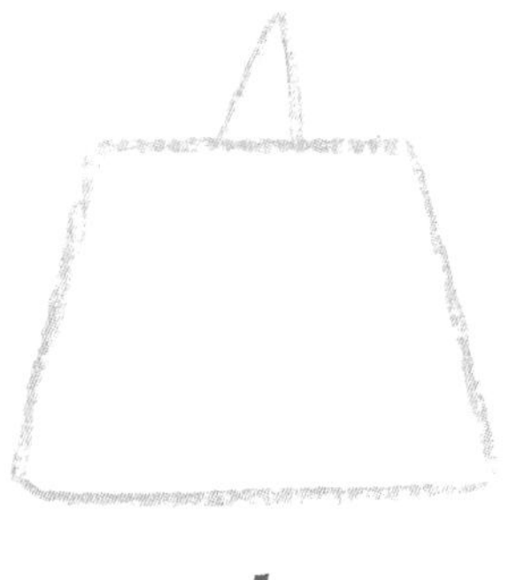

1

2

3

4

5

6

鏟子

我們用鏟子在花園裏挖土。
你可以運用很多幾何形狀來
繪畫蔬菜呀！

船

現在，只需用7個步驟來繪畫！

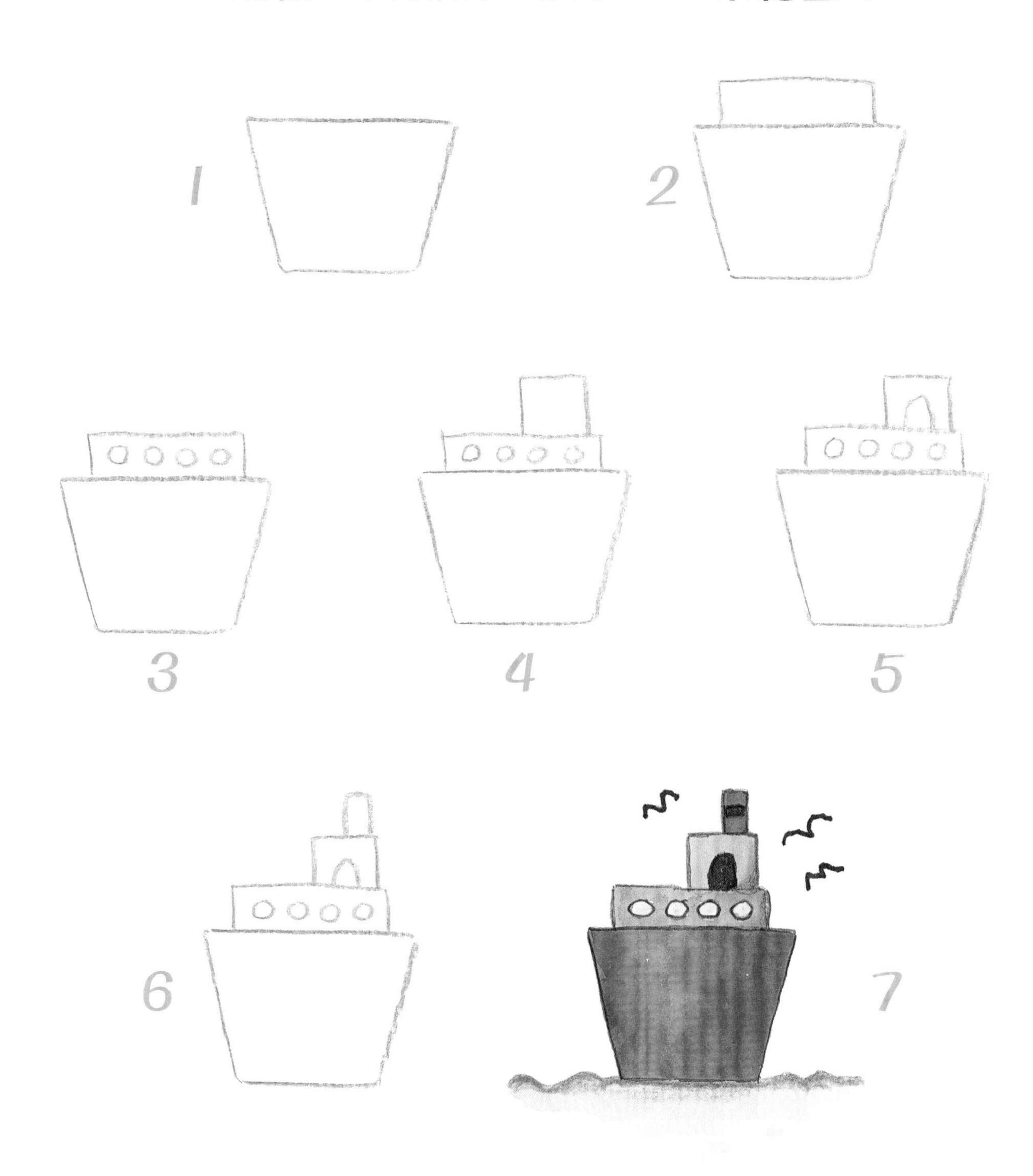

墨水瓶

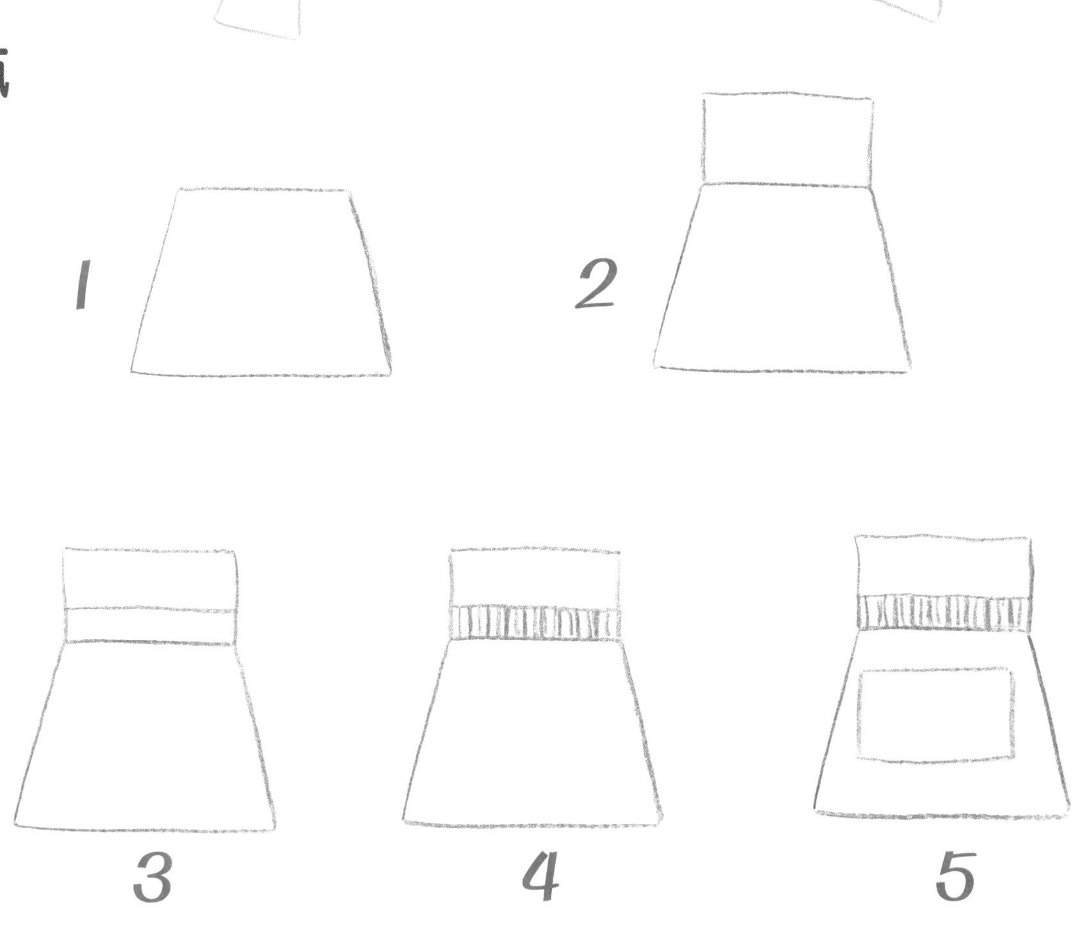

走進廚房，尋找不同形狀的壺、瓶子和罐子……
我們相信還有更多容器可以讓你繪畫！

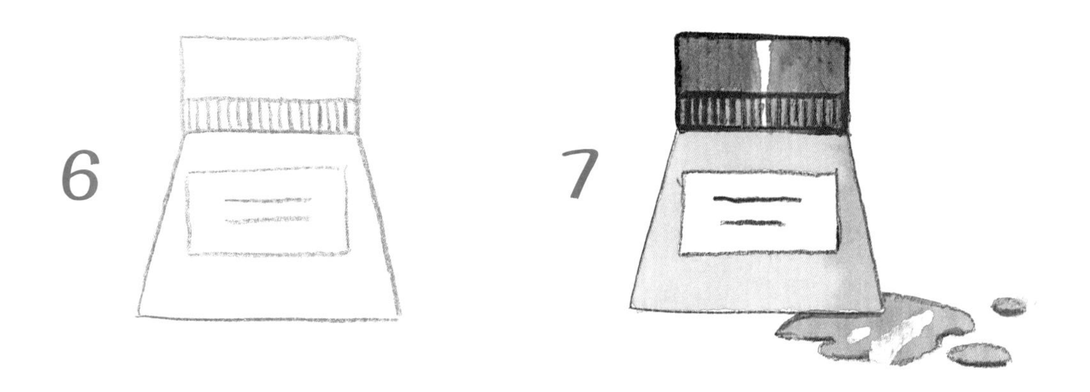

進階圓形

小圓形

蘿蔔

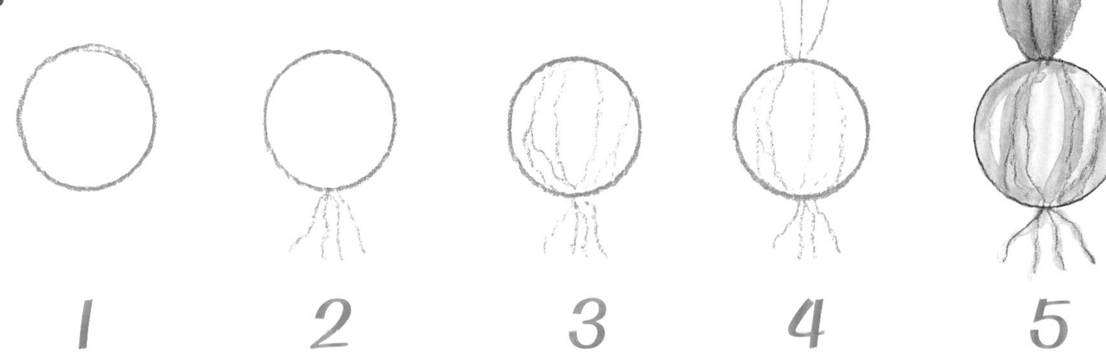

棒棒糖

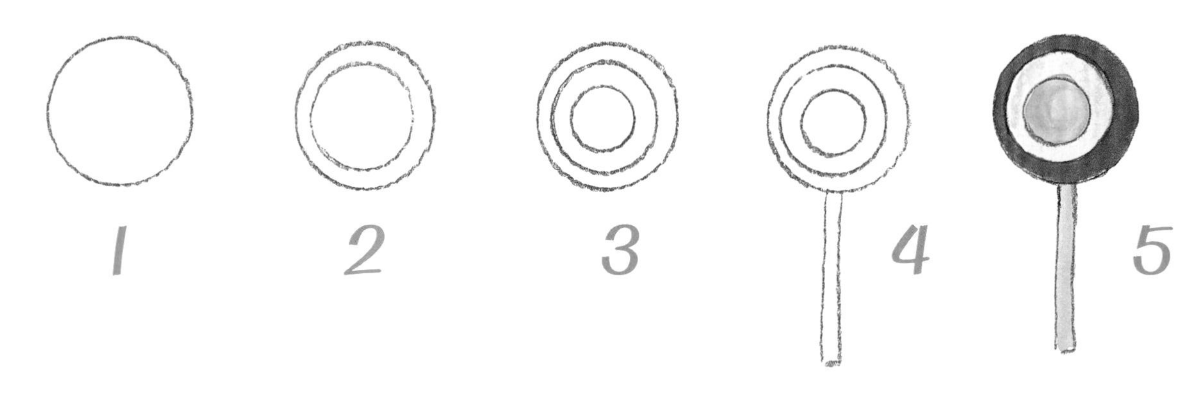

戒指

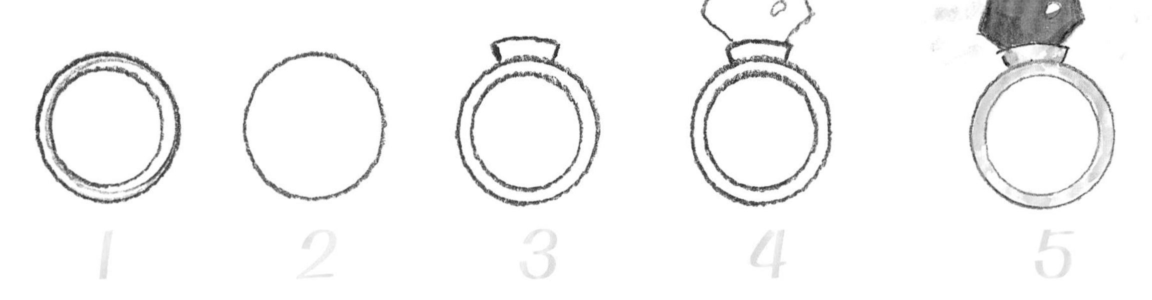

泡泡

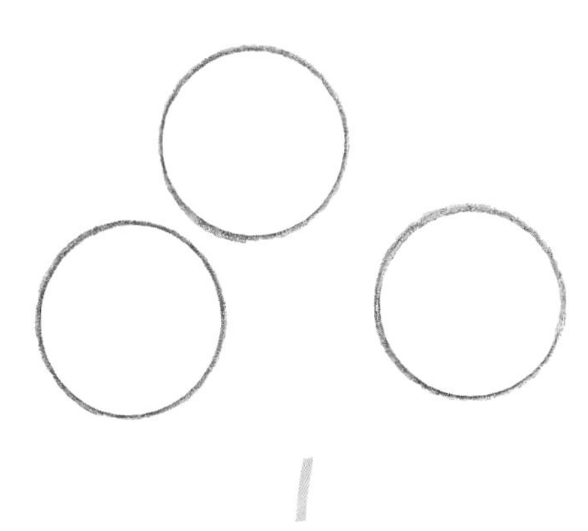

1

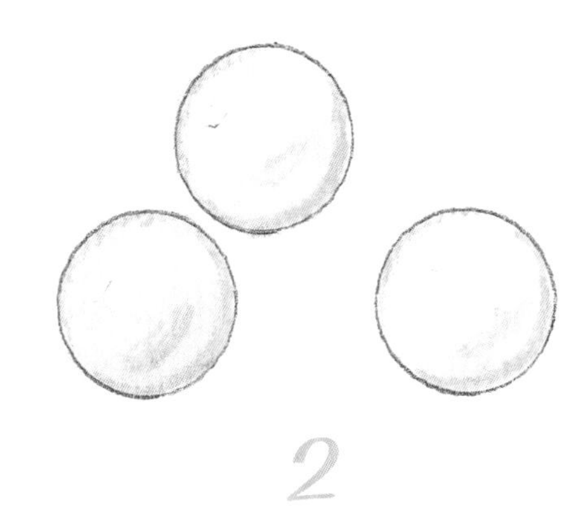

2

藤蔓上的番茄

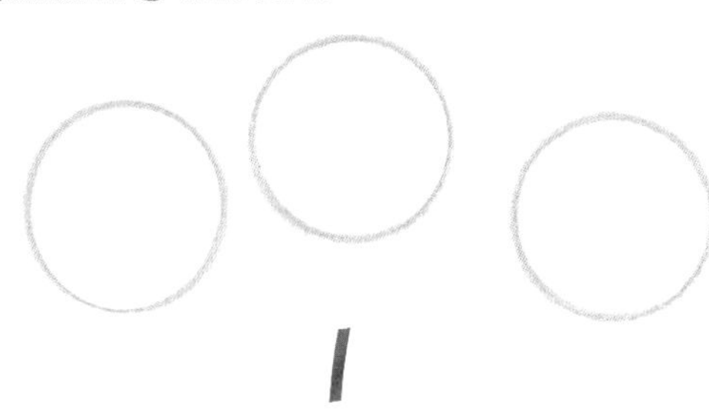

1

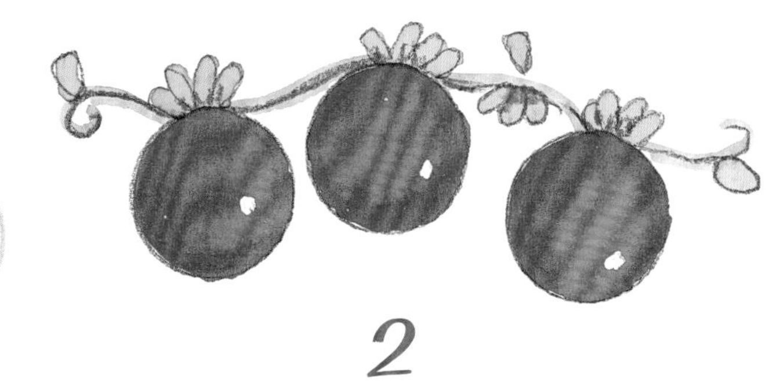

2

一串葡萄

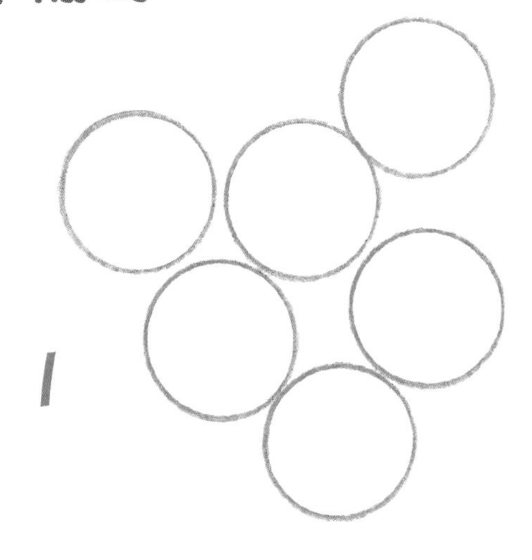

1

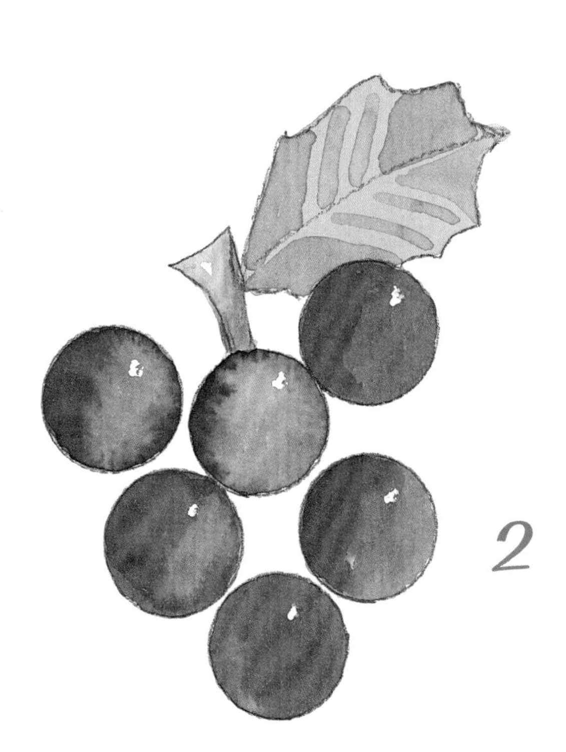

2

平行四邊形

書

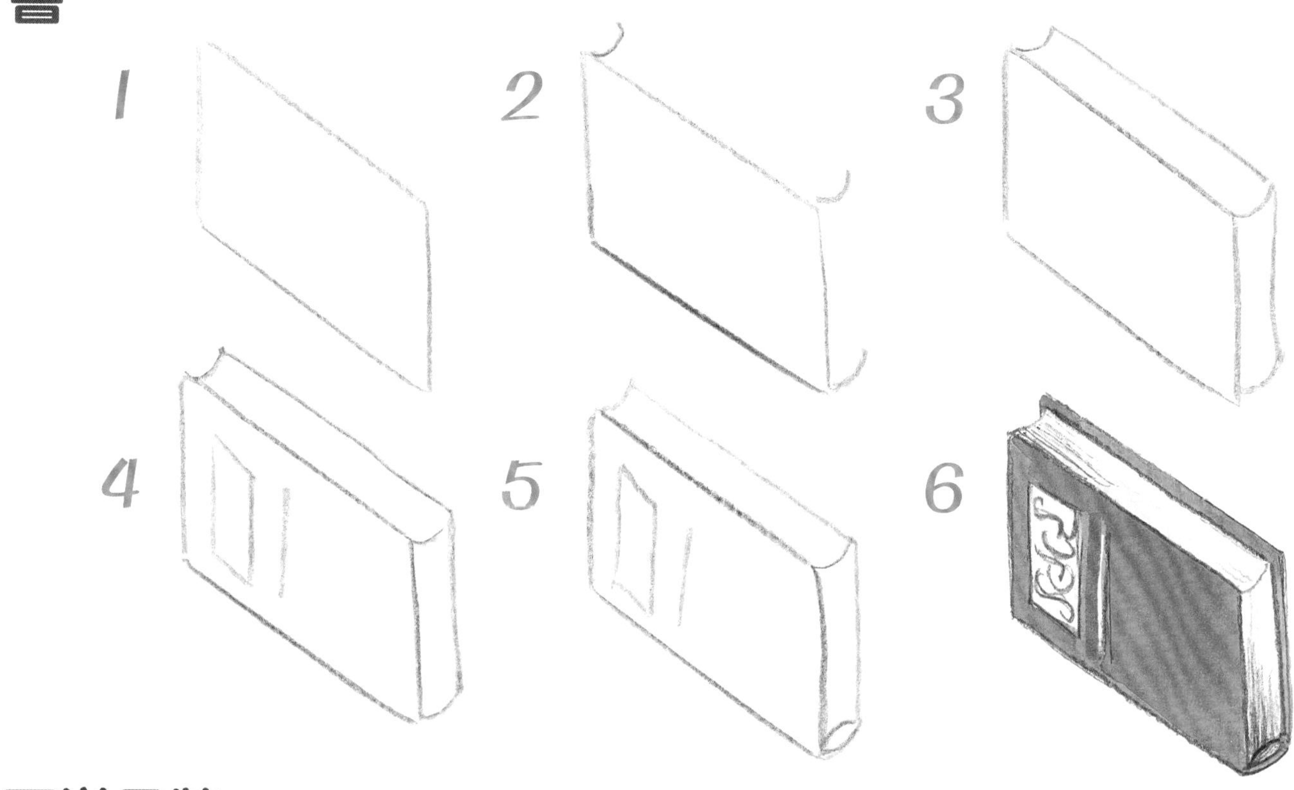

西洋骨牌

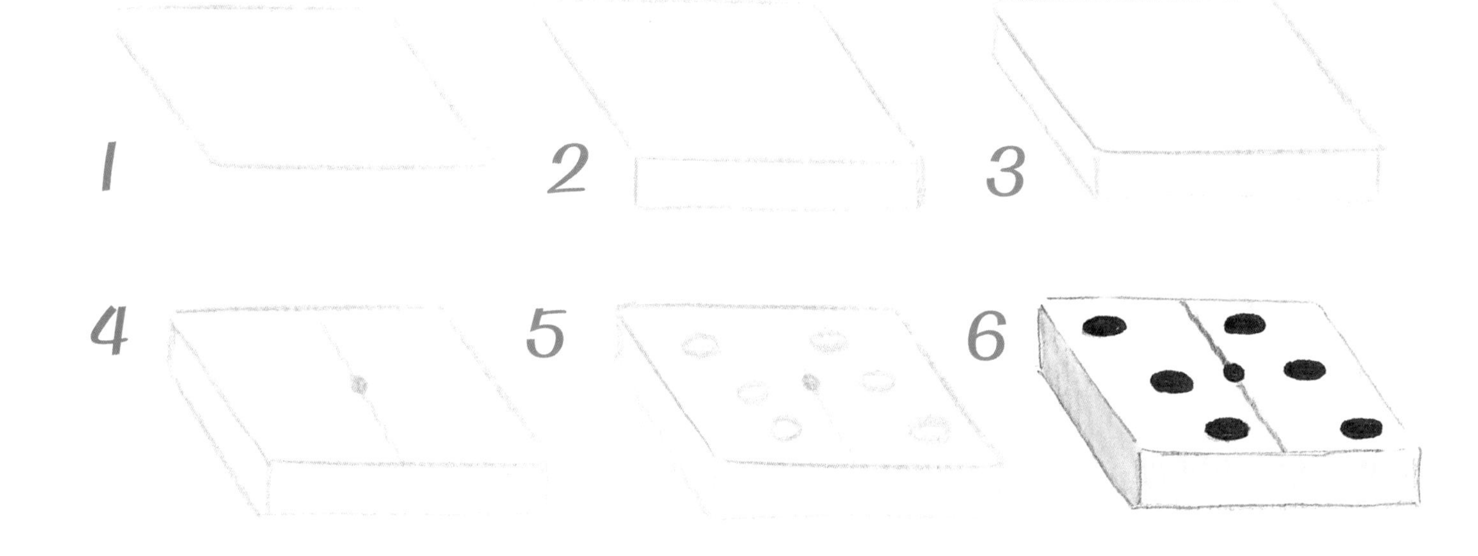

有蓋的盒子

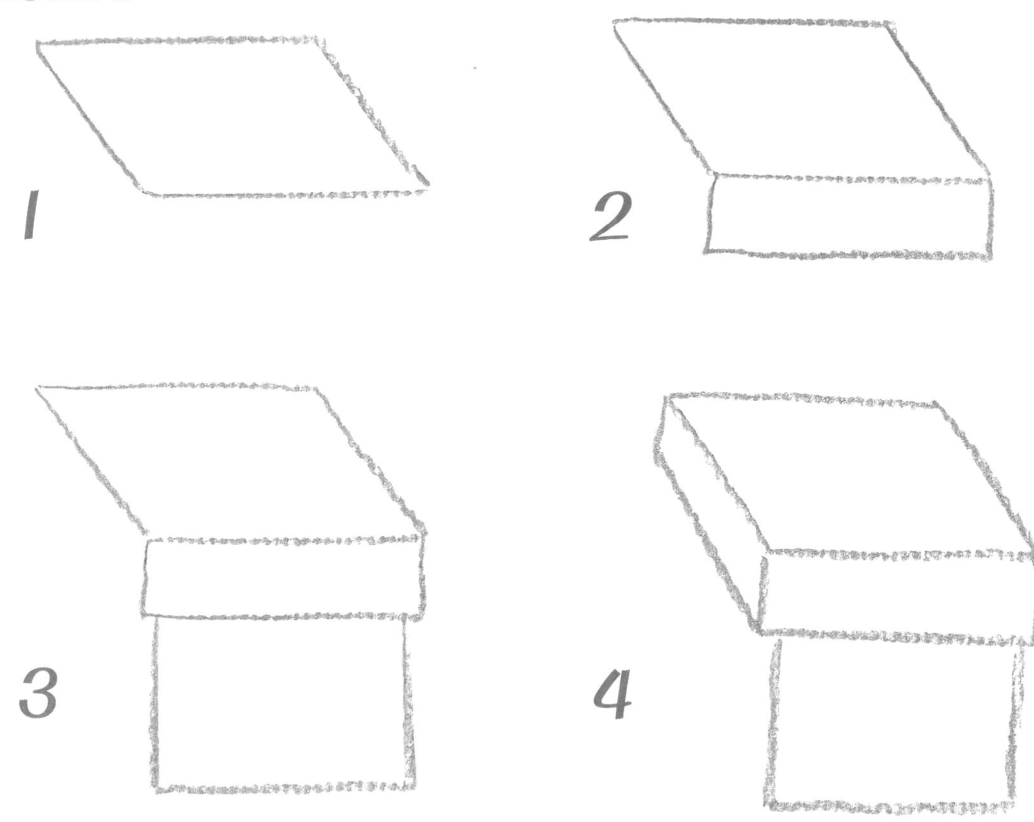

只要你練習透視法，就可以學會畫
很多身邊的物件！

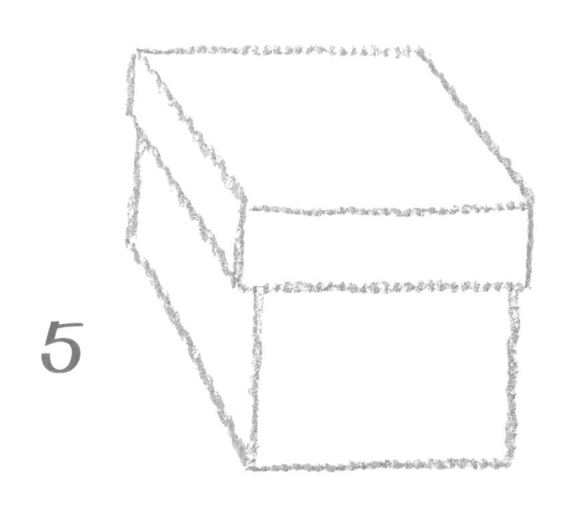

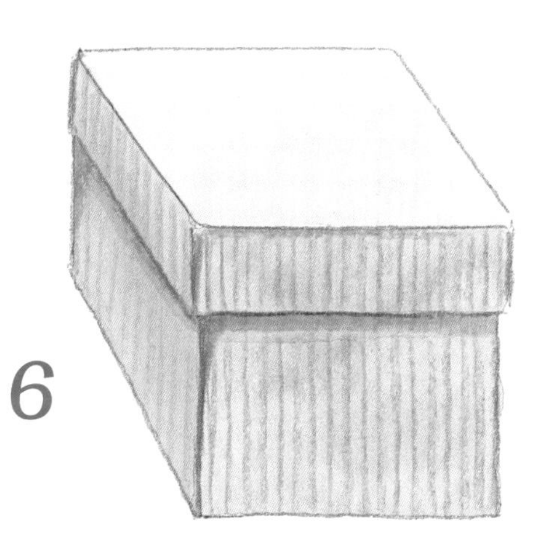

六邊形和星形

風箏

蜂巢

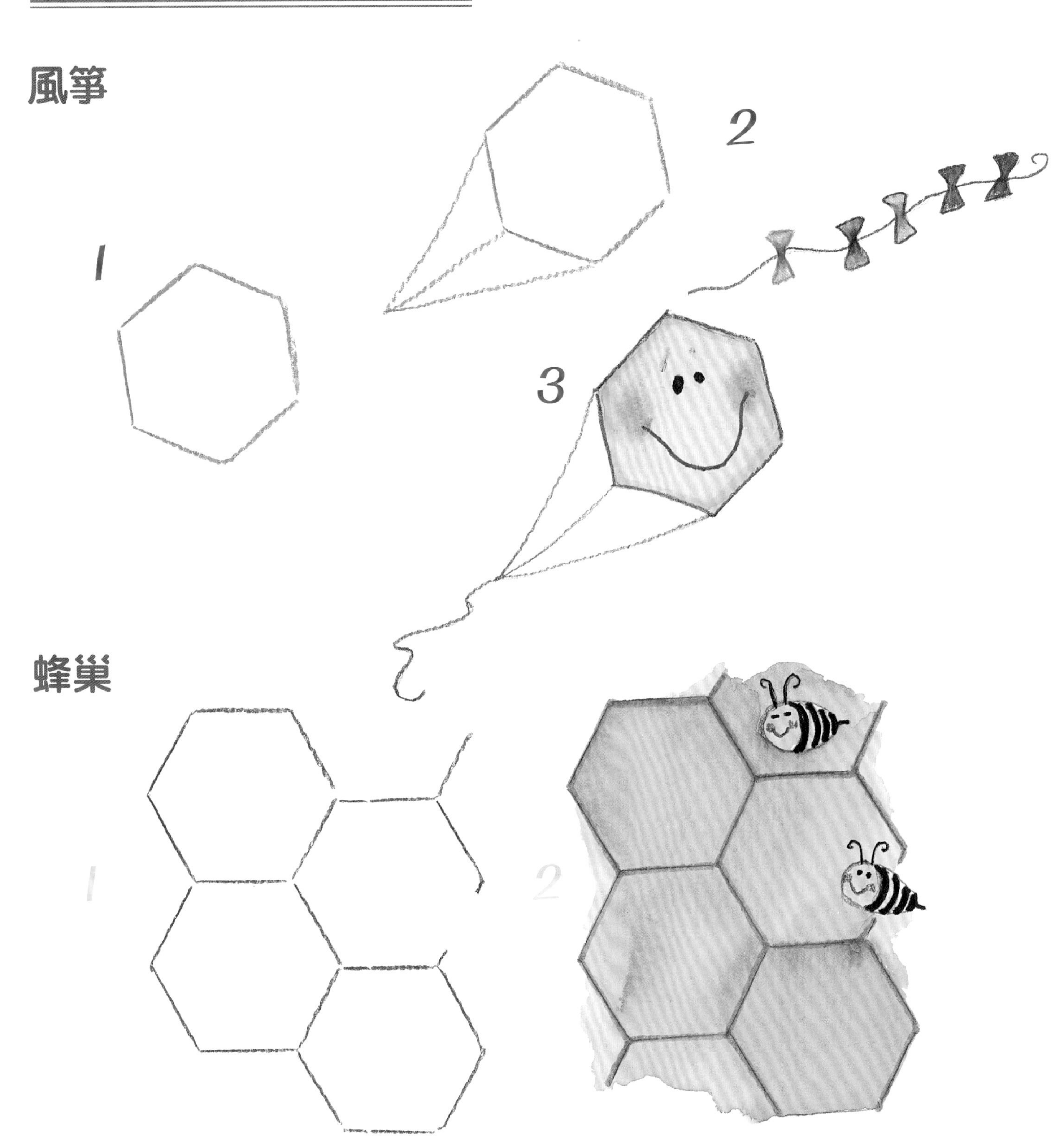

魔杖

星星

如果你繪畫了一個充滿星星的背景，就是畫出宇宙的一部分。

形狀組合

有趣的機器人

1

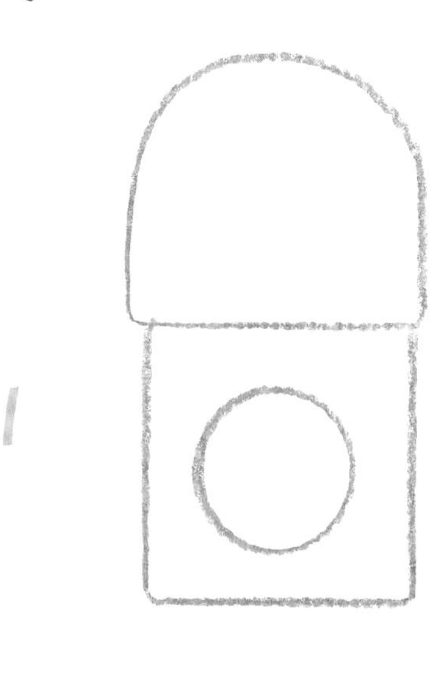

2

1

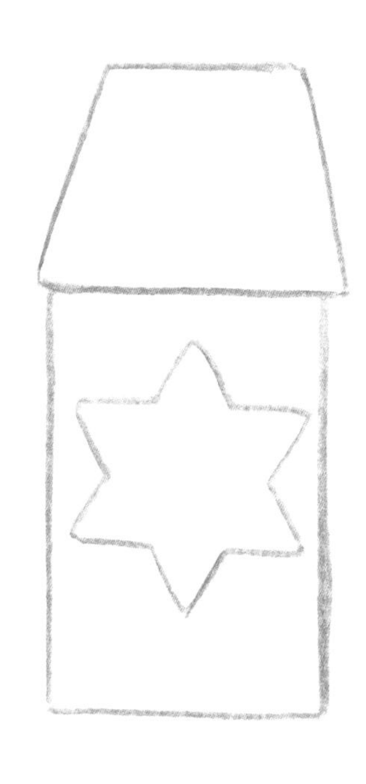

2

多有趣！怎教人不嘗試用各式各樣的
圖形來多畫幾個機器人呢？

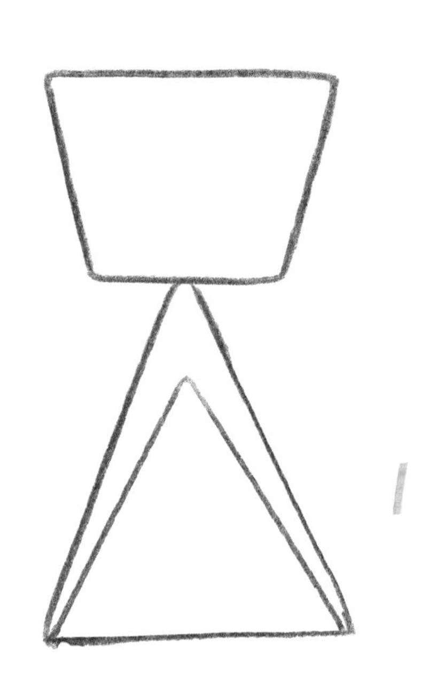

無限創意

只要，多觀察身邊的事物，發揮無限創意，
你就可以繪畫千變萬化的圖畫！

新雅 • 遊藝館

圖形魔法師

從8個幾何圖形畫出千變萬化的圖畫

作　　者：羅莎・柯托 (Rosa M. Curto)
繪　　圖：羅莎・柯托 (Rosa M. Curto)
翻　　譯：莫家倩
責任編輯：莫家倩
美術設計：劉麗萍
出　　版：新雅文化事業有限公司
香港英皇道499號北角工業大廈18樓
電話：（852）2138 7998
傳真：（852）2597 4003
網址：http://www.sunya.com.hk
電郵：marketing@sunya.com.hk
發　　行：香港聯合書刊物流有限公司
香港荃灣德士古道220-248號荃灣工業中心16樓
電話：（852）2150 2100
傳真：（852）2407 3062
電郵：info@suplogistics.com.hk
版　　次：二〇二一年九月初版

ISBN: 978-962-08-7839-8
Original Title of the book in Catalan: *Art amb 8 figures geomètriques simples*

Website: www.mercedesros.com
Author and Illustrator: Rosa M. Curto

18/F, North Point Industrial Building, 499 King’s Road, Hong Kong
Published in Hong Kong, China
Printed in China

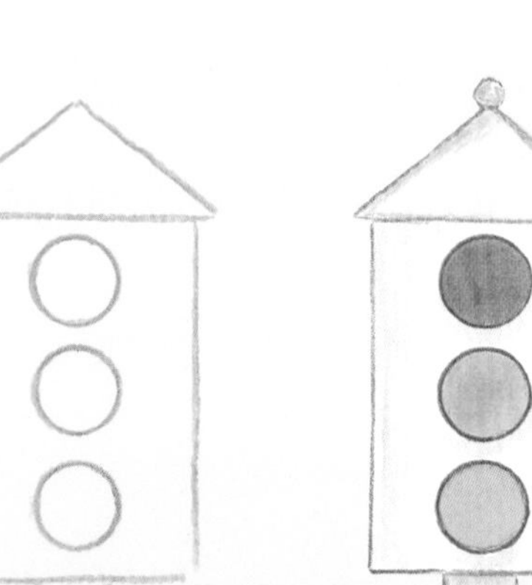